원색도감

한국의 동충하초

사진·글 **성재모**
채집·정리 **이현경과 균학실험실 제자들**

풍뎅이동충하초의
인공 자실체

교학사

머리말

필자가 동충하초를 처음 접하게 된 것은 1984년 여름, 장맛비가 줄기차게 내리던 강원대학교 연습림에서였다. 강원대학교 연습림은 수종이 다양하고, 비교적 자연 그대로 보존되어 있는 산림 환경 때문에 필자가 자주 찾는 곳이다. 그 날도, 버섯 애호가들과 버섯 채집 모임을 가지던 중 동충하초를 처음 보게 되었던 것이다. 필자는 지금까지도, 그 당시의 놀랍던 상황과 신비로웠던 감정을 잊을 수가 없다.

그 뒤 필자가 동충하초에 관심을 가지게 된 것은 세 가지 동기에서였다. 우선, 동충하초가 다른 버섯과 달리 아주 작다는 특성 때문에 정신을 집중해야 찾아 낼 수 있으므로, 인내를 가지고 집중할 수 있는 작업이라는 것이 첫째 번 이유였고, 의학적으로나 상업적으로 그 가치가 인정되는 동충하초 균주의 수집과 보존이 향후 이용면에서 상당한 의의를 가질 것이라는 생각에서였다. 또, 많은 사람들에게 우리 주변 자연 속에 존재하는, 상상할 수 없는 또하나의 신비로운 자연 현상을 알리고, 자연 보존의 필요성을 일깨워 주고 싶었기 때문이었다.

이러한 생각에서 시작한 동충하초에 대한 열정이 필자로 하여금 시간이 허락하는 한 여러 산을 찾아 동충하초 채집에 전념토록 하였다. 하지만, 동충하초는 대부분 곤충체를 기주로 하고 자실체가 작아 채집에 어려움이 많았다. 많은 시행착오를 겪는 동안 어느덧 경험이 축적되었고, 이제는 강원도 내에서는 어디에서 어떤 종류의 동충하초가 채집되는지, 발생 지형은 어떤지도 짐작할 수 있게 되었다. 지금도 학생들과 채집에 나서면, "마음을 비우고, 일념으로 동충하초의 자실체만을 생각하라."고 당부한다. 채집을 시작하고 한 시간쯤 지나면, 적막하던 산은 동충하초 발견에 대한 환호성으로 가득 차게 된다.

이와 같이 인연을 맺고 여러 학생들과 10여 년 동안 연구하고 채집한 동충하초의 사진과 표본들이 하나하나 정리되어, 마침내 동충하초 도감이 나오게 되었다.

  가급적 이제까지 채집한 동충하초를 모두 게재하려 하였으며, 간략한 해설도 첨가하였다. 뿐만 아니라, 그 동안 필자가 심혈을 기울여 온 '인공 배양에 의한 동충하초의 자실체 형성' 과정도 사진과 함께 소개하였다. 이 작은 책자가 동충하초를 연구하려는 분들에게 작은 지침이 됨은 물론, 보통 사람들에게는 잘 알려지지 않은 동충하초에 대한 이해를 돕는 데 일익을 했으면 하는 바람이다.

  그 동안 동충하초 채집에 성의를 보여 준 강원대학교 농생물학과 학생들과, 필자와 인연이 있어 균학 연구실에서 같이 생활한 주영, 영준, 천환, 근주, 범식, 희우, 수호, 영상, 현경, 용욱, 상희, 성환, 현옥, 창익, 현진 외 여러 제자들에게 감사한다. 아울러, 동충하초 연구를 지원해 주신 한국과학재단과, 버섯에 관한 자문을 받고 있는 농촌진흥청 농업과학기술원 김양섭 박사께 감사를 드린다. 그리고 필자에게 여러 면으로 도움을 주신 모든 분들에게 이 자리를 빌려 감사를 드린다.

  끝으로, 이 책의 출판을 맡아 주신 교학사 양철우 사장님과 유홍희 부장님께 감사를 드리며, 이 책이 나오기까지 편집, 교정, 색분해, 제판, 인쇄, 제본에 이르기까지 정성을 다해 주신 출판사 여러분에게도 진심으로 감사를 드린다.

1996. 5. 10.

성 재 모

일러두기

1. 한국에 자생하는 동충하초 중 71종을 정리하여, 해설과 함께 원색 사진 430여 매를 수록하였다.
2. 동충하초의 분류는 Kobayasi의 분류 체계를 따랐으며, 불완전균강의 동충하초는 Samson의 분류 체계를 따랐다.
3. 분류표는 한국산 동충하초의 특성에 맞고 실용성 있게 작성하였다.
4. 게재된 동충하초의 사진은 육안적 특징인 자좌, 머리, 자루와 현미경적 특징인 포자, 자낭, 자낭각을 보여 주었다.
5. 각 사진 밑에는 채집 날짜와 장소를 기록하였다.
6. 동충하초의 채집 방법과 장비, 채집 후의 기록 방법, 표본 제작 및 분리 방법을 알기 쉽게 설명하고, 사진도 함께 수록하였다.
7. 우리말 용어를 사용함으로써 독자들의 이해를 도왔고, 균학 발전의 기초 자료로 이용할 수 있도록 하였다.
8. 동충하초의 부분 명칭과 형태적 특징을 그림으로 보여 줌으로써 용어의 이해를 도왔다.
9. 불완전 세대 포자는 주사전자현미경 사진을 첨부하여 각 균간의 특징을 비교하였다.
10. 인공 배양 방법에 대한 상세한 설명과 함께, 자연산 동충하초와 실험실에서 배양한 동충하초를 균주별로 비교한 사진을 수록하였다.
11. 동충하초의 효능(불로 장생, 항암 효과, 마약 중독 해독 등)과 동충하초를 이용한 해충 방제법에 관한 해설을 실었다.

차 례

머리말/3
일러두기/5

I. 서론/12

1. 동충하초란 ································ 12
2. 동충하초의 생활사 ························ 13
   (1) 동충하초의 발생 환경 ················ 15
   (2) 동충하초의 발생 장소 ················ 16
   (3) 동충하초의 발생 시기 ················ 17
3. 동충하초의 중요성 ························ 18

II. 한국의 동충하초/21

1. 유충검은점박이동충하초(*C. agriota*) ············· 22
2. 번데기붉은곤봉형동충하초(*C. ampullacea*) ········· 26
3. 번데기노랑다발동충하초(*C. bifusispora*) ··········· 28
4. 번데기가지점박이동충하초(*C. cochlidicola*) ········ 31
5. 파리주발동충하초(*C. discoideocapitata*) ············ 32
6. 개미콩나물동충하초(*C. formicarum*) ················ 33
7. 번데기노랑방망이동충하초(*C. geniculata*) ········· 35
8. 유충긴목구형동충하초(*C. gracilis*) ················· 37
9. 큰매미동충하초(*C. heteropoda*) ······················ 40
10. 균생긴목구형동충하초(*C. intermedia*) ············· 42
11. 나방동충하초(*C. isarioides*) ························ 45

12. 균생동충하초(*C. jezoensis*) ·············· 47
13. 유충흙색동충하초(*C. konnoana*) ·············· 51
14. 큰유충방망이동충하초(*C. kyushuensis*) ·············· 53
15. 유충흙색다발동충하초(*C. martialis*) ·············· 58
16. 큰번데기동충하초(*C. militaris*) ·············· 62
17. 고치큰번데기동충하초(*C. militaris*) ·············· 73
18. 작은번데기동충하초(*C. militaris*) ·············· 77
19. 송충이동충하초(*C. militaris*) ·············· 82
20. 토와유충동충하초(*C. militaris*) ·············· 85
21. 둥근번데기동충하초(*C. militaris*) ·············· 89
22. 유충회색곰보동충하초(*Cordyceps* sp.) ·············· 91
23. 개미긴자루동충하초(*C. myrmecophila*) ·············· 92
24. 유충검은동충하초(*C. nigrella*) ·············· 94
25. 노린재동충하초(*C. nutans*) ·············· 96
26. 유충가시동충하초(*C. ochraceostromata*) ·············· 102
27. 유충주걱동충하초(*C. ootakiensis*) ·············· 104
28. 균핵동충하초(*C. ophioglossoides*) ·············· 105
29. 벌가시동충하초(*C. oxycephala*) ·············· 108
30. 유충가는점박이동충하초(*C. paludosa*) ·············· 110
31. 노린재부리동충하초(*C. pentatomi*) ·············· 112
32. 붉은자루동충하초(*C. pruinosa*) ·············· 114
33. 유충긴부리동충하초(*C. purpureostromata*) ·············· 118
34. 유충직립동충하초(*C. rosea*) ·············· 120
35. 유충노랑점박이동충하초(*C. ryogamiensis*) ·············· 122
36. 풍뎅이동충하초(*C. scarabaeicola*) ·············· 123
37. 동충하초(*C. sinensis*) ·············· 129
38. 매미다발동충하초(*C. sobolifera*) ·············· 130

39. 벌동충하초(*C. sphecocephala*) ········· 131
40. 벌긴곤봉형동충하초(*Cordyceps* sp.) ········· 144
41. 벌면봉형동충하초(*Cordyceps* sp.) ········· 149
42. 유충노랑곰보동충하초(*C. staphylinidaecola*) ········· 153
43. 번데기짧은다발동충하초(*C. takaomontana*) ········· 156
44. 거품벌레동충하초(*C. tricentri*) ········· 157
45. 번데기흰고무동충하초(*Cordyceps* sp.) ········· 162
46. 번데기곤봉형동충하초(*Cordyceps* sp.) ········· 165
47. 번데기곤봉형녹색동충하초(*Cordyceps* sp.) ········· 166
48. 유충노랑동충하초(*Cordyceps* sp.) ········· 167
49. 청가시열매동충하초(*Shimizuomyces paradoxa*) ········· 168
50. 거미동충하초(*Torrubiella* sp.) ········· 176
51. 나방흰가시동충하초(*Akanthomyces aculeatus*) ········· 178
52. 백강균(*Beauveria bassiana*) ········· 179
53. 거미밤꽃균(*Gibellula* sp.) ········· 184
54. 바늘다발동충하초(*Hirsutella* sp.) ········· 186
55. 송충이잔가지동충하초(*Hirsutella citriformis*) ········· 188
56. 송충이국수다발동충하초(*Hirsutella clavispora*) ········· 189
57. 유충잔뿌리동충하초(*Hirsutella entomophila*) ········· 190
58. 유충검은동충하초덧붙이(*Hirsutella nigrella*) ········· 192
59. 노린재동충하초덧붙이(*Hirsutella nutans*) ········· 193
60. 번데기바늘동충하초(*Hirsutella* sp.) ········· 196
61. 잠자리동충하초(*Hymenostilbe odonatae*) ········· 197
62. 녹강균(*Metarhizium anisopliae*) ········· 199
63. 번데기곤봉형눈꽃동충하초(*Paecilomyces farinosa*) ········· 202
64. 눈꽃동충하초(*Paecilomyces japonicus*) ········· 204
65. 매미눈꽃동충하초(*Paecilomyces sinclairii*) ········· 210

66. 번데기주걱눈꽃동충하초(*Paecilomyces* sp.) ········ 212
67. 번데기검은털박이동충하초(*Paecilomyces* sp.) ······ 213
68. 잎벌레주홍자루동충하초(*Paecilomyces* sp.) ········ 214
69. 유충회색눈꽃동충하초(*Paecilomyces* sp.) ·········· 216
70. 나방눈꽃동충하초(*Paecilomyces* sp.) ················ 218
71. 번데기봉형동충하초(*Paecilomyces* sp.) ············· 219
72. 유충봉오리동충하초(*Polycephalomyces ramosus*) ··· 220
73. 딱정벌레동충하초(*Tilachlidiopsis nigra*) ········· 223
74. 윤생곁가지포자균(*Verticillium lecanii*) ············ 226
75. 투명부후균(*Erynia* sp.) ···························· 228
76. 부푼머리굽은균(*Conidiobolus thromboides*) ········ 230

Ⅲ. 동충하초균의 분류/232

1. 분류학적 특징 ·· 233
   (1) 자좌(자실체) ···································· 233
   (2) 자낭각과 자낭포자 ······························ 236
   (3) 기주 ··· 238
2. 동충하초균의 분류 체계 ···························· 238
   동충하초속(*Cordyceps*)의 분류 ··················· 240
3. 동충하초균의 완전 세대와 불완전 세대의 관계 ··· 243
4. 주사전자현미경으로 본 동충하초균의 포자 ········ 245

Ⅳ. 동충하초균의 연구 방법/249

1. 동충하초의 채집과 보관 ···························· 249
   (1) 채집 용구 ······································· 250
   (2) 기 록 ··· 250
   (3) 슬라이드 제작 ·································· 250

— 9 —

(4) 채집 후의 처리······253
　　(5) 동충하초의 표본 제작······255
　2. 동충하초의 배양······255
　　(1) 배양에 필요한 설비······256
　　(2) 배양에 필요한 자재······257
　　(3) 동충하초의 분리······258
　　(4) 균사 생장 조건······259
　　(5) 동충하초의 시험관 균주 배양······259
　　(6) 균주의 대량 배양법······262
　3. 동충하초의 자실체 형성······269
　　(1) 실내에서 자실체 형성······269
　　(2) 현미를 이용한 동충하초 인공 생산······269
　　(3) 누에를 이용한 동충하초 인공 생산······271

Ⅴ. 동충하초의 이용 /288

　1. 약용 동충하초······288
　　(1) 동충하초(*C. sinensis*)······288
　　(2) 큰번데기동충하초(*C. militaris*)······289
　　(3) 균핵동충하초(*C. ophioglossoides*)······289
　　(4) 매미다발동충하초(*C. soborifera*)······290
　　(5) 유충흙색다발동충하초(*C. martialis*)······290
　　(6) 백강균(*Beauveria bassiana*)······290
　2. 동충하초의 효능······291
　　(1) 불로 장생과 영양 강장제······291
　　(2) 면역 기능 증강······292
　　(3) 만병 통치약······292
　　(4) 자연 치유력······293

(5) 항암제 ··· 294
(6) 마약 중독 해독제 ····································· 294
(7) 마군단의 비밀 ··· 295
(8) 염증 억제제 ··· 295
3. 동충하초균을 이용한 해충 방제 ····················· 296

맺음말/302

■ **부록**
- 동충하초 용어 해설 ······································· 306
- 한국명 찾아보기 ··· 310
- 학명 찾아보기 ··· 312
- 참고 문헌 ··· 313

I. 서 론

1. 동충하초(冬蟲夏草)란

　동충하초라는 이름은 원래, 겨울에는 곤충의 몸에 있다가 여름에는 풀처럼 나타난다는 데서 나온 말이다. 즉, 동충하초균은 곤충의 몸에 침입하여 죽게 한 다음 그 기주(寄主)의 양분을 이용하여 자실체를 형성한다. 동충하초균은 자낭균강(子囊菌綱)의 맥각균목(麥角菌目) 동충하초과에 속하며, 한국을 비롯하여 중국, 일본 등 세계적으로 널리 분포하고 있다. 그런데 이제까지 잘 알려지지 않은 이유는, 곤충을 다루는 곤충학자들조차 동충하초균에 의해 병든 곤충에 별 관심이 없었고, 어쩌다 채집된 것도 불완전한 표본이라 단정하여 연구 대상에서 의도적으로 제외시켰기 때문이다.

　그러나 동충하초는 자연 생태계 내에서 곤충 집단의 밀도를 조절하기도 하고, 예로부터 인류에게 유용하게 이용되기도 하였으며, 최근에는 사람들에게 여러 모로 흥미를 불러일으키고 있다. 특히, 한방 약재로 이용하거나, 농작물에 피해를 주는 해충을 방제하는 데 이용할 수 있다는 것은 주목할 만한 일이다. 예를 들면, 중국에서 한약재로 이용되고 있는 동충하초(*Cordyceps sinensis*)는 서장(西藏), 윈난(雲南), 구이저우(貴州)등의 각 성과 티베트에서 히말라야에 이르는 해발 3000~4000m 되는 고산 지대에서 자연적으로 형성된 것이 채집된다. 예로부터 중국에서는 동충하초가 인삼, 녹용과 함께 귀한 3대 한방 약재로 취급되어 왔으며, 불로 장생의 비약으로 결핵, 황달 치료와 아편 중독의 해독제로 이용되어 왔다. 늦게나마 한국에서도 동충하초를 채집하여 여러 가지 임상 실험을 해 본 결과 항암 효과가 있다는 것이 발견되어, 활발한 연구가 진행되고 있다.

　오늘날, 동충하초란 명칭은 곤충이나 절지동물, 균류 또는 고등 식물의 종자에 기생하는 모든 균류를 총칭하며, 균학적으로는 자낭균강(子囊菌綱), 불완전균강(不完全菌綱), 접합균강(接合菌綱)에 속한다. 지금까지 알려진, 곤충을 침입하는 곰팡이균은 약 800여 종으로, 이들 중 버섯을 형성하는 것으로 알려진 대표적인 균은 대부분 자낭균류의 동충하초속에 속하는 균들로서 약 300여 종이 보고되었으며, 한국에서도 번데기동충하초 등 현재까지 76 종이 채집되어 분리 동정(同定)되었다. 동충하초는 기생하는 곤충에 따라, 같은 곤충일지라도 유충과 성충을 침입하는 동충하초의 종류가 다른 경우도 있으므로, 앞으로 연구할 점이 많다.

2. 동충하초의 생활사

동충하초균은 토양 어디서나 살 수 있는 균으로, 자낭포자(子囊胞子)나 분생포자(分生胞子)를 형성하여 곤충들의 활발한 활동 시기인 봄, 여름, 가을에, 살아 있는 곤충의 호흡기, 소화기, 관절 등의 부드러운 부분에 부착하여 침입한다. 곤충에 부착하여 발아한 포자는 발아관(發芽管)을 형성하여 곤충 체내로 침입하고, 충체 내 영양분을 섭취하면서 균사를 뻗어 결국 곤충을 죽음에 이르게 한다. 일단 균사가 곤충의 체내를 완전히 메우게 되면 균사는 딱딱한 균핵을 형성하여 곤충의 형태를 그대로 유지하다가 다음 해에 동충하초를 형성한다. 버섯이 나오는 부분을 일률적으로 말할 수는 없지만, 주로 곤충의 입, 가슴, 머리, 배에서 자좌(子座)를 형성하고 자좌가 성숙하여 자낭포자나 분생포자를 방출, 다시 곤충에 접촉하여 침입하는 과정을 반복한다.

좀더 자세히 말하면, 동충하초의 침입 단계를 셋으로 나눌 수 있다. 균핵의 형태로 월동한 균의 포자가 기주의 외피에 부착, 발아하는 것이 그 첫째 단계이다. 공기 중의 기주에 포자를 형성하는 경우 곤충에 포자가 부착할 확률은 외부 환경 조건, 병원성을 가진 감염원(感染源)의 양, 기주 곤충의 밀도 등에 상당한 영향을 받는다.

병원성 발현의 둘째 번 단계로는, 발아한 포자가 기주의 외피로 들어가는 단계이다. 감염 기관이 곤충의 체내로 들어가는 데는 전적으로 충체의 외피와 상피 세포를 뚫고 들어갈 수 있는 발아관의 능력에 의존하는데, 발아관이 딱딱한 외피를 뚫고 충체 내로 들어가는 데는 발아관의 기계적·효소적 작용이 관련된다. 동충하초균이 충체를 뚫고 성공적으로 들어가는 데는 얇은 외피의 제한된 국부 파괴가 관건이다. 그러므로 병원성이 강한 계통의 경우 단시간 내에 기주의 외피를 뚫을 수 있는 분량만큼의 소량 효소를 생산하는 것이 일반적이다. 결국 이 때의 효소 역할이란, 얇은 외피의 분해와 더불어 발아관이 외피 속으로 지속적인 생장을 하도록 돕는 것이다.

병원성 발현과 관련된 마지막 단계는, 일단 곤충의 체내로 침투하는 데 성공한 균이 곤충의 체내에서 성장, 증식하는 단계를 들 수 있다. 침투한 곰팡이균은 병원성을 가진 포자 또는 균사와 같은 전염 기관을 신속하게 복제함으로써 기주 곤충의 면역 체계를 파괴시킨다. 이렇게 생장한 병원균은 충체 내에 퍼져 기주를 죽게 하는데, 기주 곤충의 죽음은 병원균이 충체 내에서 생장하는 단계의 종료를 의미하며, 이어 병원균은 기주의 장관(腸管) 내에서 사는 세균에 대항하는 항생 물질을 생산하며 살아가게 된다. 적합한 환경 조건에서는 충체 외피 밖으로 자실체를 형성하지만, 불리한 환경하에서는 균에 따라 휴면 기관(休眠器官)인 균핵(菌核), 후막포자(厚膜胞子), 접합포자(接合胞子)와 난포자(卵胞子)를 생산하여 월동하고, 기주가 없는 상태에서도 생장을 지속하게 된다.

동충하초가 기생하는 대표적인 곤충은 벌, 개미, 잠자리, 나비, 매미, 노린재, 딱정벌레, 파리, 그리고 거미 등이고, 이것들은 알, 유충, 번데기, 성충 등의 상태에서 침입을 받게 된다. 땅 속이나 죽은 나무 속에서 동충하초균에 의해 감염된 곤충으로부터 형성된 버섯이 땅 위로 나오게 된다. 그 밖에 나뭇가지나 잎 뒤에서 발견되는 동충하초도 있다. 지상에 나오는 버섯의 길이는, 작은 것은 몇 mm밖에 안 되지만, 큰 것은 10여 cm 되는 것도 있다. 동충하초에 의해 감염된 곤충에서 발생한 버섯의 빛깔은 홍색, 황색, 자색, 녹색, 검은색, 흰색, 오렌지색, 올리브색 등 여러 가지로, 버섯류에 공통된 아름다운 빛깔을 가지고 있다.

(1) 동충하초의 발생 환경

일반적으로 동충하초도 버섯의 일종이므로, 다른 버섯의 생육 환경과 비슷한 조건하에서 발생하리라는 기대와는 달리, 다른 버섯보다 상당히 까다로운 생육 환경을 선호하고 있다. 대개의 경우 공기가 깨끗하고, 공중 습도가 높으며, 적당한 나무 그늘이 지며, 자연 상태로 유지된 장소에서 많이 발견된다. 값비싼 한약재로 사용되고 있는 중국산 동충하초(C. sinensis)의 경우는, 특히 생육 환경이 까다로운 곳에서 채집된다. 그것은 극히 한정된 지방에서만 채취되는데, 4월경, 해발 3000~4000m의 고산 지대로, 눈이 녹기 전이 채집하기 좋을 때라고 한다. 일반적으로 동충하초가 발생하는 환경은 기주가 되는 곤충에 유리한 환경과 일치하게 된다. 침엽수림보다는 활엽수림에서 많은 종류의 동충하초가 발견된다. 활엽수림에서도 나무의 나이가 15년 이상 되고, 양 옆으로 물이 흐르는, 수분이 많은 지역에 조성된, 낙엽층이 두꺼운 부식토에서 주로 발견된다.

한국에 분포하는 동충하초는 종류도 다양하며, 그 종류에 따라 채집 장소도 다르다. 자실체가 상대적으로 크고 조직이 연한 번데기동충하초(C. militaris), 큰유충방망이동충하초(C. kyushuensis), 풍뎅이동충하초(C. scarabaeicola) 등은 습도에 민감하게 영향을 받아 공기 중의 상대 습도가 높은 계곡 주위에서 발견되며, 시기도 장마철이 시작되면서 다수 발견된다. 자실체가 질기고 단단한 노린재동충하초(C. nutans)와 벌동충하초(C. sphecocephala)는 다른 동충하초류에 비하여 환경 조건에 영향을 덜 받아, 숲 속에서 비교적 쉽게 채집된다.

이와 같이, 자실체를 형성하는 동충하초가 환경에 상당히 민감하게 영향을 받는 반면, 자실체를 형성하지 않고 기주의 표면에 포자만을 생산하는 동충하초는 환경의 영향을 덜 받아, 숲 속에서 비교적 쉽게 발견된다.

야외에서 발견되는 동충하초의 자실체 중에는 자실체 위에 또다른 균이 침입하여 자라고 있는 것이 종종 발견되는데, 초보자의 경우 이것을 새로운 동충하초의 발견으로 생각할 수도 있다. 그러나 이것은 자실체를 침입하는 균류가 2차 기생(二次寄生) 혹은 중복 기생(重複寄生)하는 것으로, 기생균이 기주의 조직 내에서 생장하여 자좌만을 외부에 형성하는 것과, 기주의 표면을 기생균의 균사가 덮어 분생자 위에 외생적으로 구형(球形)의 자좌 또는 포자과(胞子果)를 형성하는 것이 있다. 기생균의 대부분은 불완전균류에 속하는 바늘다발동충하초속(*Hirsutella*) 또는 유충봉오리동충하초속(*Polycephalomyces*)으로, 기생을 당하는 자실체로는 노린재동충하초(*C. nutans*)와 벌동충하초(*C. sphecocephala*)이고, 장마철이 끝날 무렵에 많이 발생한다.

(2) 동충하초의 발생 장소

동충하초는 다른 버섯과는 달리, 살아 있는 곤충에 침입하여 곤충을 죽게 한 후 발생하는 버섯이다. 그러므로 발생하는 장소는 기주가 되는 곤충의 밀도, 종류, 살고 있는 환경과 생활사에 깊은 관계가 있다.

일반적으로 쉽게 발견되는 동충하초는 기주가 되는 곤충이 땅 속에 존재하고 충체로부터 발생한 자좌를 땅 위로 뻗는 것이 대부분을 차지한다. 이 군에 속하는 동충하초의 기주는 주로 땅 속에서 생활하는 매미과, 풍뎅이과, 방아벌레과, 먼지벌레과, 딱정벌레과의 유충이나 번데기 등이다. 때로는 땅 위에서 생활하지만, 땅 위에 떨어져서 땅 속에 묻히는 벌, 개미, 나비목이나 딱정벌레목의 유충과 성충 등이 기주가 되기도 한다. 대표종으로는 번데기동충하초, 큰유충방망이동충하초, 유충검은점박이동충하초(*C. agriota*), 붉은자루동충하초(*C. pruinosa*) 등이 있다.

낙엽층 위로 자실체를 발생시키는 동충하초는 주로 낙엽층이 두껍게 쌓인 숲 속에서 발견된다. 이에 속하는 동충하초로는 대부분이 성충을 기주로 하여 형성되는 종들이다. 대표종으로는 노린재동충하초, 벌동충하초, 거품벌레동충하초, 풍뎅이동충하초, 나방흰가시동충하초, 눈꽃동충하초 등이 있다.

죽은 나무 속에서 형성되는 동충하초는 나무에 구멍을 뚫고 그 속에서 생활하는 딱정벌레류 또는 나방류의 유충이나 성충 등이 기주가 된다. 이들 동충하초는 선 채로 말라 죽은 곤충이나 혹은 썩은 나무 위에

앉은 곤충에서도 발견되는데, 자연계에서 일어나는 목재 썩음 현상과는 육안으로도 쉽게 식별된다. 주로 땅 위에서 생활하는 잠자리과 등에서 볼 수 있으며, 대표종으로는 유충검은점박이동충하초, 유충흙색동충하초, 잠자리동충하초, 눈꽃동충하초와 거미동충하초 등이 있다.

땅 위, 나뭇가지나 나뭇잎 위, 또는 이끼 위에서 발견되는 동충하초의 기주가 되는 곤충으로는 거미, 번데기, 개미 등이다. 거미를 기주로 하여 형성되는 거미동충하초는 나뭇잎 뒷면에서 주로 발견되고, 잠자리를 기주로 하여 형성되는 잠자리동충하초는 나뭇가지 위 또는 땅 위에서 발견된다. 이 밖에도 나방흰가시동충하초, 나방동충하초 등이 있다.

(3) 동충하초의 발생 시기

곤충의 몸 안으로 침입한 동충하초균은 그 곳에서 양분을 섭취하며 생장하여, 곤충의 몸 안에서 내생균핵을 형성한 후 적당한 환경이 주어지면 곤충 몸 밖으로 자실체를 형성한다. 한국과 같이 4계절이 뚜렷한 온대 지방에서 자실체가 발견되는 시기는 주로 6월부터 9월까지의 여름철로, 특히 장마철을 전후해서이다. 이 때는 습도가 높아지고 온도가 상승하는 시기여서 자실체의 생장이 가장 활발하기 때문이다. 동충하초균이 곤충의 몸 안에서 균핵으로의 생존 기간은 1년에서 수 년간에 이르는 것도 있다. 이러한 균핵이 일단 곤충의 몸 밖으로 자좌를 형성하면서 자실체가 성숙하여 자낭포자를 방출하기까지의 기간은 각 동충하초균에 따라 다르지만, 약 1~2개월이 소요되는 것으로 알려져 있다. 자실체는 안에 있는 자낭포자가 다 날아가면 기주와 함께 썩어 버리는 것이 보통이다.

실험실에서 인공적으로 번데기동충하초균을 증식시킨 균사 조각을 번데기에 접종하여 완전한 형태의 자실체를 형성하기까지는 보통 50일 가량이 소요되었다. 그러므로 자연 상태에서 형성되는 자실체 역시 이와 비슷한 기간이 소요될 것으로 추정되지만, 더 시일이 단축될 수도 있다. 그러나 노린재동충하초와 같이 자루가 질긴 동충하초의 자실체는 이보다 오래 걸리리라 생각된다. 그래서 자루가 질긴 많은 동충하초는 대개의 경우 겨울부터 생장을 시작하여 땅 속에서 자루를 뻗어 자라다가 이듬해 한여름에 자실체를 형성하게 되는 것으로 추정하고 있다. 왜냐 하면, 인공 배양에 의한 벌동충하초(C. sphecocephala)의 경우 4°C의 저온 상태에서도 활력을 가지고 생장하는 것으로 보아, 겨울에도 땅 속에서 생장을 계속하는 것으로 볼 수 있다.

이처럼 동충하초의 생장 기간은 생각보다 장기간을 요하는 경우가 대부분이다. 그러나 번데기에 생기는 번데기동충하초, 거미에 생기는 거미동충하초, 균에 형성되는 균생동충하초 등은 1년생이고, 조직이 연하므로 내생균핵의 형태로 월동하고 여름철에 발생하여 1~3개월 안에 성숙한 자실체를 내어 포자를 날려 보낸 후 기주도 자실체와 함께 썩어 버린다.

동충하초 중에는 잘 채집되지 않던 진기한 종이 어떤 해에는 많이 발생하는 경우가 종종 있다. 그 원인은, 강우나 기온 등 그 해의 기상 요인들과 기주 곤충 간의 상호 관계가 종합적으로 서로 잘 맞아 특정 종류의 동충하초의 발생을 촉진하는 것으로 추정된다. 그러나 이 발생의 주기는 동충하초의 발생에 필요한 몸 안에 형성된 내생균핵의 생존에 의해 생기는 것이 아니고, 오히려 전염원이 되는 포자가 확산하기 쉬운 기상과 계절, 곤충 상호간의 조화에 의한 것으로 이해된다.

이상의 이유로, 그 해에 어떤 종이 많이 발견되었다고 해서 매년 그 지역에 같은 종이 많이 발생하리라고 예측할 수는 없으며, 동충하초의 종류에 따라서는 발생 주기가 10~30년이 걸리는 것도 흔히 있다.

3. 동충하초의 중요성

동충하초균의 중요성은 사람에게 도움을 주는 약재로서의 이용과 해충의 방제를 위한 미생물 제제의 개발 가능성의 측면에서 생각해 볼 수 있다. 한방 약재로는 고대 중국에서부터 이용되어 온 동충하초균(C. sinensis)에 의하여 미라가 된 유충들에서 형성된 자실체로부터 유래된다. 이 동충하초는 수분 10.84%, 지방 8.4%, 조단백 25.32%, 탄수화물 28.9%, 회분 4.1%로 구성되어 있으며, 지방 성분으로는 포화 지방산이 13%, 불포화 지방산이 82.2% 함유되어 있다. 비타민 B_{12}는 100g

당 0.29mg이 들어 있다.

　동충하초의 효능에 관한 기록에, "동충하초는 폐를 보호하고 신장을 튼튼하게 하는 영양 강장제로, 면역 기능을 강화한다."고 했다. 면역 기능이 높아지면 저항력이 증가하여 어떤 병에도 잘 걸리지 않을 뿐만 아니라, 당연히 회복 속도도 빨라질 것이다. 동충하초의 약효는 여러 가지가 있지만, 그 중에서도 호흡기 계통의 질환에 효과가 뛰어나다는 것이다.

　최근에는, 동충하초의 종암(腫癌) 억제율이 83%로, 높은 항암, 마약 중독의 해독제로서 효과가 있는 것도 발견되었다. 뿐만 아니라, 동충하초는 자연 치유력을 가지고 있어서 심한 운동으로 체력 소모가 많을 때 회복 시간을 단축시켜 주는 효과가 있어, 중국에서는 육상 선수들이 복용하여 좋은 성과를 얻고 있다.

　현재 중국에서 약용으로 이용되고 있는 동충하초의 종류로는 동충하초, 유충흙색다발동충하초(*C. martialis*), 번데기동충하초, 균핵동충하초, 매미다발동충하초(*C. sobolifera*), 백강균(*Beauveria bassiana*) 등인데, 이들 중에서는 번데기동충하초와 유충흙색다발동충하초는 한국에서도 비교적 쉽게 발견된다.

　동충하초의 또 한 가지 중요성은 백강균을 이용하여 자연 생태계에서 곤충 개체군의 밀도 조절이 이루어진다는 사실이다. 최초로 곤충에 병을 유발하는 곰팡이균을 발견한 것은 미라화된 누에 유충을 불로 장생의 부적으로 여긴 고대 중국인들이다. 이 동충하초가 자연의 중재자로 곤충 개체군의 밀도 조절과 관련된 특성 때문에, 선진국을 중심으로 한 여러 국가에서 그 특성을 이용해서 농작물에 큰 피해를 주는 해충 방제를 위한 천연 생물 농약 개발에 박차를 가하고 있다.

　이러한 천연 생물 농약의 개발 노력은 해충은 물론이고 화학 농약에 의해 발생되는 환경 오염까지 줄여 보자는 목적에서 큰 의미를 가지고 있다. 프랑스에서는 이미 동충하초로 만든 생물 농약이 시판 단계에 이르고 있다.

Ⅱ. 한국의 동충하초

1. 유충검은점박이동충하초 (*Cordyceps agriota* Kawamura)

낙엽 밑이나 썩은 나무 속에 있는 죽은 유충에서 발견된다. 12mm×1mm인 기주의 배 마디에서 1개 또는 2개의 자좌를 형성한다. 자좌는 엷은 황색으로, 길이는 40~70mm이다. 자낭각은 자좌 위에 흩어져서 발생하며, 원추형으로 다갈색이고, 크기는 410~500μm×200~300μm이다. 자낭의 크기는 160~170μm×7~8μm이고, 자낭포자는 실 모양으로, 140~200μm×1.4μm이다.

92. 7. 8. 강원대 구내

93. 7. 8. 양평 용문산

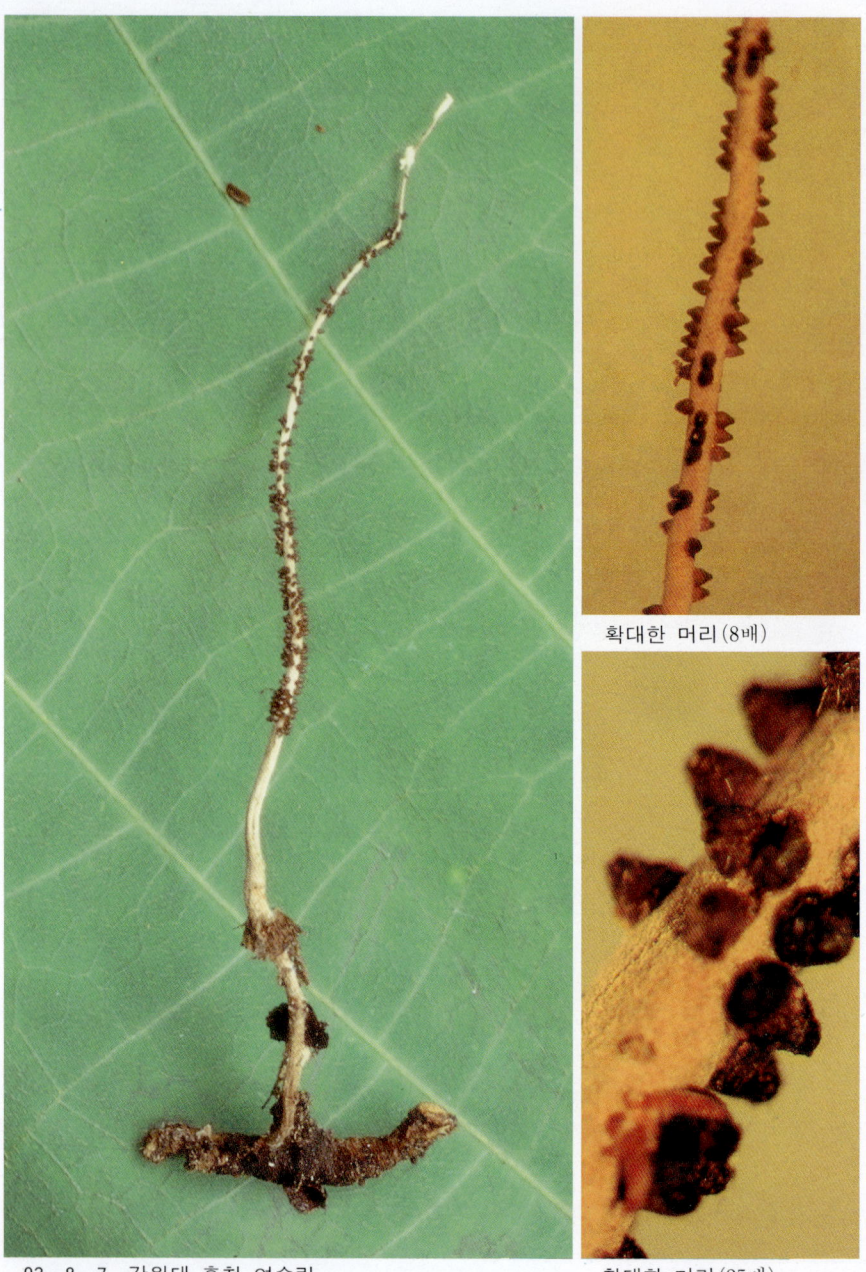

확대한 머리(8배)

93. 8. 7. 강원대 홍천 연습림

확대한 머리(25배)

자낭각(100배)

자낭(200배)

2. 번데기붉은곤봉형동충하초 (*Cordyceps ampullacea* Kobayasi et Shimizu)

땅 속에 있는 죽은 번데기에서 발견된다. 자좌는 2~4개로 머리와 자루로 되어 있으며, 경계가 뚜렷하다. 자루는 긴 타원형이고, 길이는 10~15mm이며, 머리는 곤봉형으로 붉은색이며, 길이는 4~6mm이다. 머리에는 자낭각이 조밀하게 분포하며, 묻혀 있다.

91. 9. 13. 설악산 신흥사

90. 8. 15. 강원대 홍천 연습림

91. 9. 1. 춘천 추곡 약수터

3. 번데기노랑다발동충하초 (*Cordyceps bifusispora* Erikssar)

땅 속에 있는 죽은 나비목의 번데기에서 발견되며, 23mm×10mm 크기의 기주에서 여러 개의 곤봉형 자좌를 형성한다. 크기가 10~20mm×1~2mm인 자좌는 엷은 황색을 띠는 자루와, 크기가 7mm×2mm인 머리로 이루어져 있다. 자낭각은 반 묻힌형으로 조밀하게 분포하며, 550~620μm×250~330μm이다. 자낭포자는 양 끝이 두껍고, 끈으로 연결된 것이 특징이며, 포자 끝은 3~4 개의 격막으로 나뉘어 있다.

94. 8. 31. 강원대 홍천 연습림

97. 6. 28. 강원대 춘천 연습림

자좌에 형성된 반묻힌형 자낭각(25배)

자낭각에서 분출하는 자낭포자 (50배)

자낭(100배)

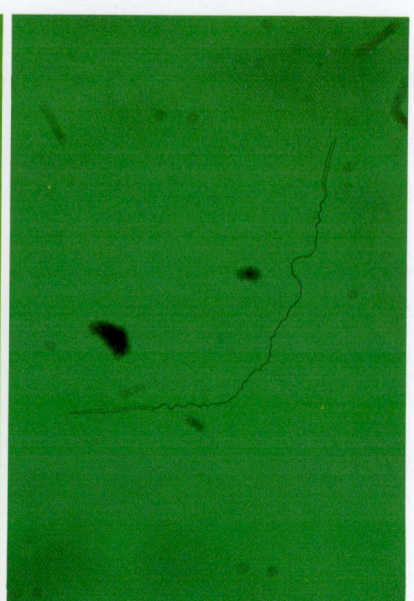
실로 연결된 자낭포자(400배)

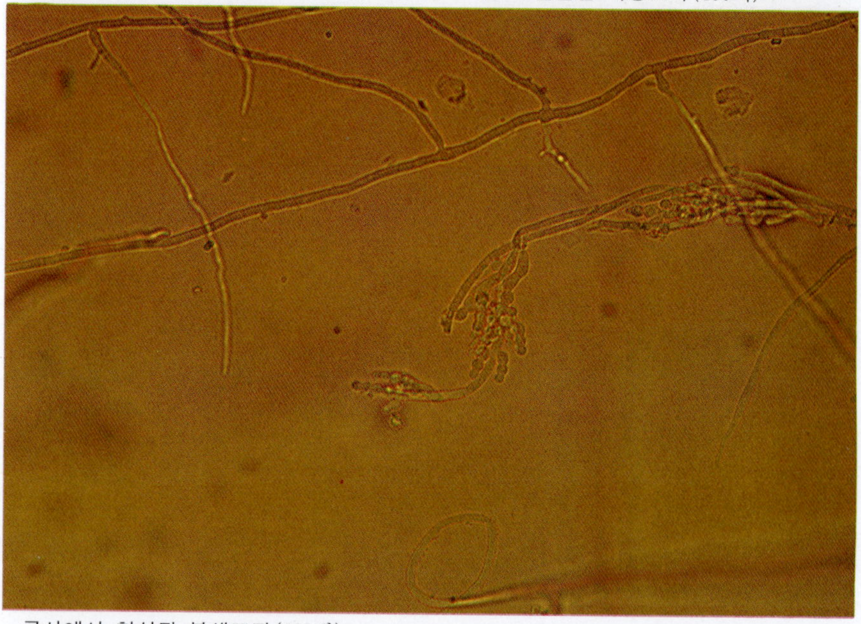

균사에서 형성된 분생포자(400배)

4. 번데기가지점박이동충하초 (*Cordyceps-cochlidicola* Kobayasi et Shimizu)

땅 속에서 죽은 나비목의 번데기에서 발견되며, 자좌에서 갈라져 2~5개의 가는 자좌를 형성한다. 자좌는 담황색으로 끝에 부속사를 가지며, 크기는 65~70mm×0.5~1.5mm이다. 황갈색의 돌출형 자낭각은 달걀 모양으로, 크기가 400~450μm×200~250μm이고, 자좌 위에 조밀하게 형성한다.

94. 8. 4. 치악산 상원사

5. 파리주발동충하초 (*Cordyceps discoideocapitata* Kobayasi et Shimizu)

나뭇가지 위에 붙은 죽은 파리에서 발견되며, 기주의 양 옆구리로부터 2개의 자좌를 형성한다. 자좌는 등황색을 띠며, 크기가 4mm×1.5mm 되는 자루와 2mm×2mm인 주발 모양의 머리로 이루어져 있다. 자낭각은 묻힌형이며, 크기는 600~620μm×200~220μm이다. 자낭포자는 2차 포자로 분열한다.

95. 6. 21. 강원대 춘천 연습림

6. 개미콩나물동충하초 (*Cordyceps formicarum* Kobayasi)

낙엽 밑에 있는 죽은 개미에서 발견되며, 1개 또는 3개의 자좌를 개미의 머리와 가슴 사이에서 형성한다. 자좌는 2.0~3.5mm×1mm인 등황색의 자루와 자낭각이 묻혀 있는 타원형의 머리로 이루어져 있다. 자낭각은 크기가 830μm×370μm이며, 병 모양이다. 자낭의 크기는 700~1150μm×4~5μm이고, 자낭포자는 실 모양이며, 방추형의 2차 포자로 분열하는데, 크기는 9~10μm×1~1.5μm이다.

94. 7. 6. 강원대 홍천 연습림

93. 7. 5. 강원대 춘천 연습림

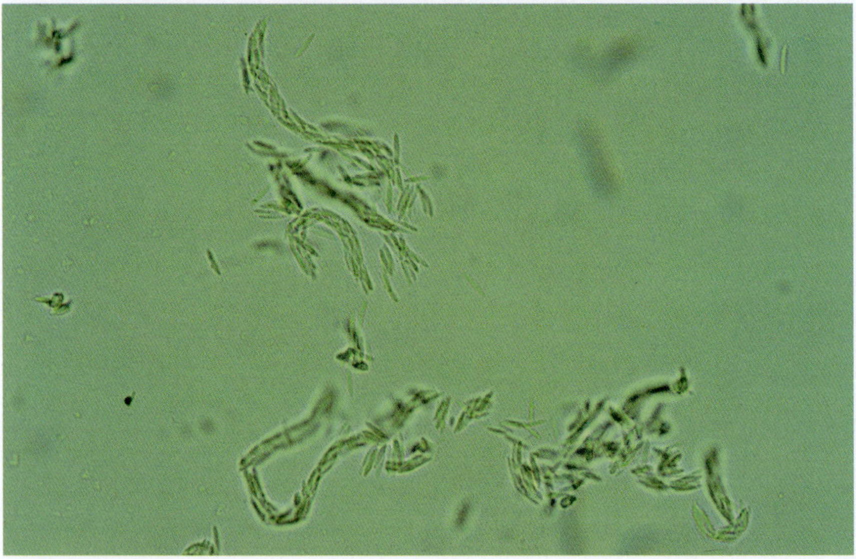

자낭과 자낭포자(100배)

7. 번데기노랑방망이동충하초 (*Cordyceps geniculata* Kobayasi et Shimizu)

낙엽 밑에 있는 죽은 번데기에서 발견되며, 배 마디에서 1개의 자좌를 형성한다. 자좌는 끝으로 갈수록 다소 굵어지며, 돌출형의 자낭각을 성기게 분포한다. 자좌의 길이는 10~25mm이며, 담황색을 띤다. 자낭각은 크기가 370~450μm×250~300μm이며, 그것에서 방출된 자낭포자는 실 모양이고, 방추형의 2차 포자로 분열한다.

93. 7. 19. 양평 용문산

97. 7. 31. 카투만두

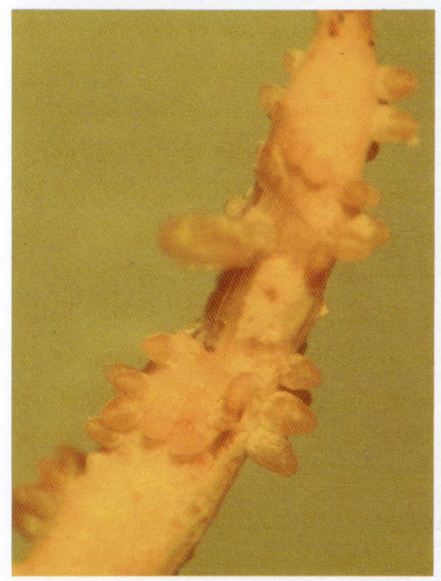

자좌의 머리에 돌출된 자낭각

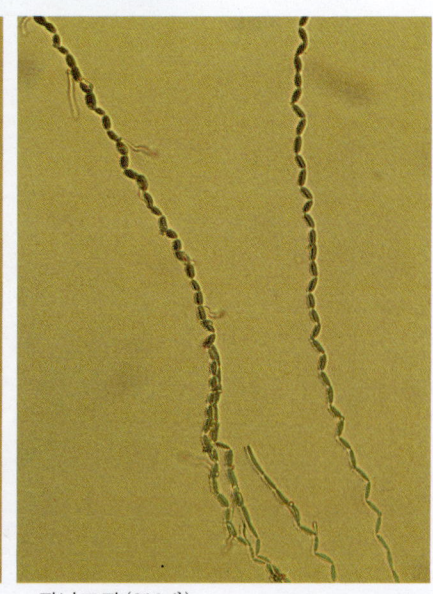

자낭포자(200배)

8. 유충긴목구형동충하초(*Cordyceps gracilis* Dur. et Montagne)

땅 속에 있는 죽은 유충에서 발견되며, 유충의 배에서 1개 또는 3개의 자좌를 형성한다. 자좌의 길이는 70mm이고, 담황갈색이며, 머리는 구형으로 길이가 3.5~5mm이다. 자낭각은 묻힌형이고, 750~850μm× 210~270μm이며, 조밀하게 분포한다. 자낭의 크기는 620~710μm×5.5 ~6.5μm로, 실 모양의 자낭포자를 가지며, 2차 포자로 분열한다.

90. 7. 19. 경남 내원사

95. 8. 4. 춘천 강촌 유원지

머리에 묻힌 자낭각　　95. 8. 4. 춘천 강촌 유원지. 자연 상태의 동충하초

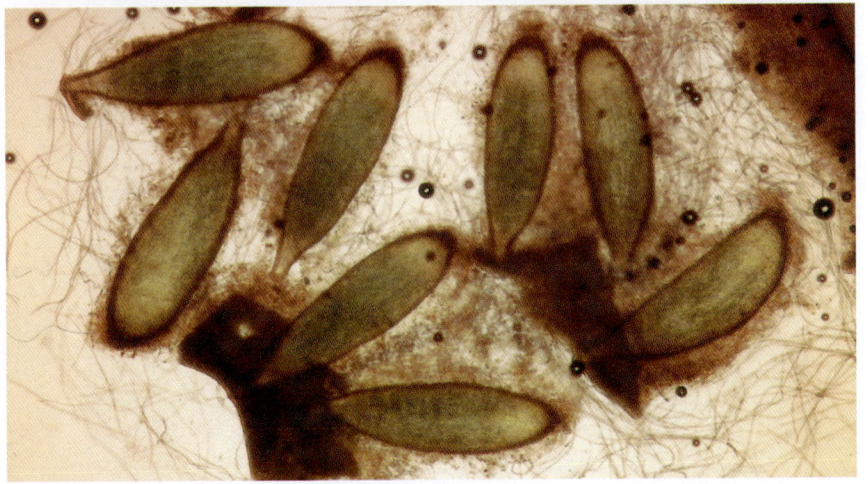

자낭각과 자낭(50배)

9. 큰매미동충하초 (*Cordyceps heteropoda* Kobayasi)

 땅 속에 있는 매미 유충에서 발견되며, 기주의 머리에서 1개의 자좌를 형성한다. 땅 위로 나온 자좌의 높이는 20~60mm이며, 면봉형의 머리와 이를 받쳐 주는 자루로 이루어져 있다. 머리에는 묻힌형의 자낭각이 조밀하게 분포한다. 달걀 모양으로 600~650μm×200~215μm이며, 자낭은 250~300μm×5~7μm이다.

97. 5. 30. 설악산

자좌에 형성된 묻힌형 자낭각(5배)

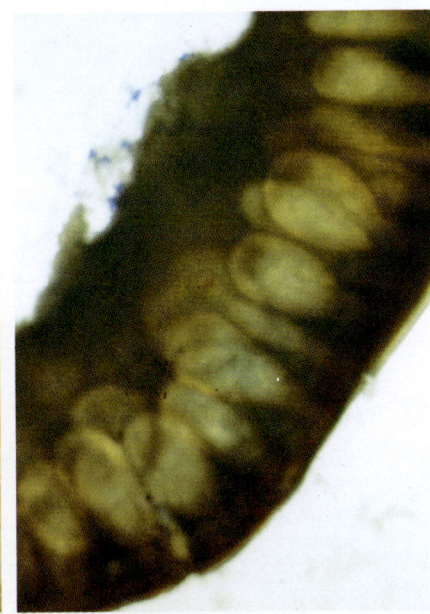
자낭각(100배)

자낭(200배)

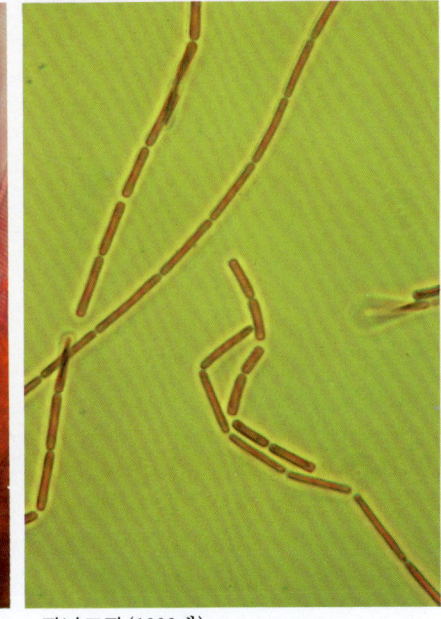
자낭포자(1000배)

10. 균생긴목구형동충하초(*Cordyceps intermedia* Imai)

땅 속에서 생긴 균핵에서 발견되며, 기주에서 1개의 자좌를 형성한다. 자좌는 머리와 이것을 받쳐 주는 자루로 이루어지며, 35~40mm이다. 머리의 크기는 2.5mm×2.5mm이며, 원형의 노란색을 띤 갈색으로 묻힌형의 자낭각이 성기게 분포한다. 자루는 32~37mm이며, 흰색을 띤 노란색이다. 자낭각의 크기는 520~550μm×330~340μm이고, 자낭은 350μm×4~5μm이며, 자낭포자는 실 모양으로, 2차 포자로 분열한다.

95. 9. 16. 춘천시 오봉산

95. 9. 16. 춘천시 오봉산. 자연 상태의 동충하초

머리에 묻힌 자낭각(4배)

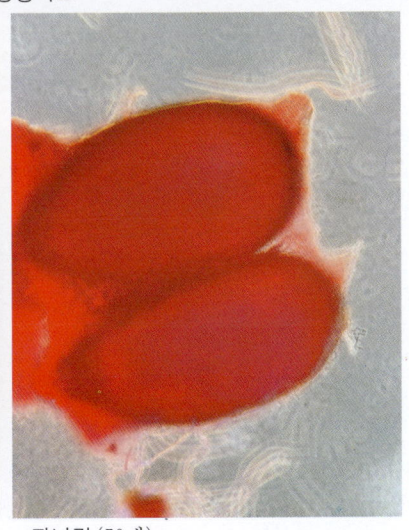

자낭각(50배)

자낭 속의 자낭포자 (200배)

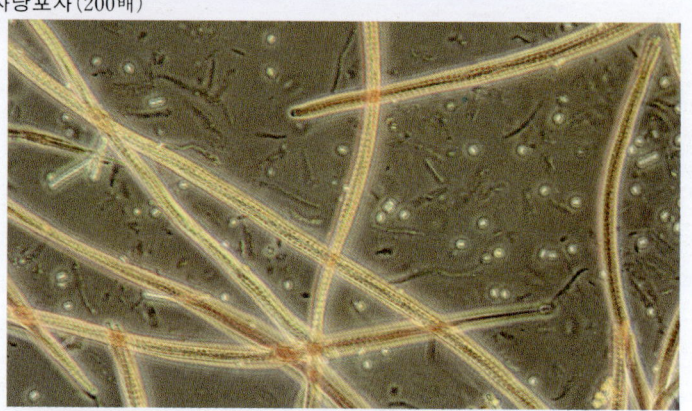
자낭 (1000배)

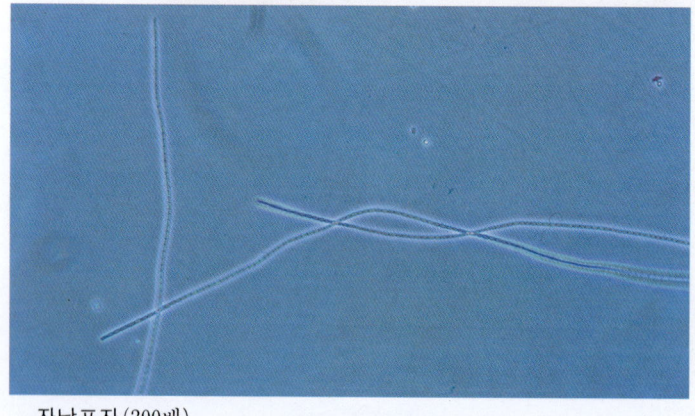
자낭포자 (200배)

11. 나방동충하초 (*Cordyceps isarioides* Curtis et Massee)

습기 찬 낙엽 밑에서 죽은 나비목의 성충에서 발견되며, 기주에서 3~4개의 자좌를 형성한다. 자좌는 돌출형 자낭각이 성기게 분포한 머리와 이를 받쳐 주는 자루로 이루어져 있으며, 길이는 10~12mm이고, 담황색 또는 옅은 주황색을 띤다. 자낭각은 450~500μm×200~280μm 이고, 자낭은 250~280μm×5~7μm이며, 자낭포자는 실 모양이나 2차 포자로 분열하지 않는다.

93. 6. 25. 강원대 춘천 연습림

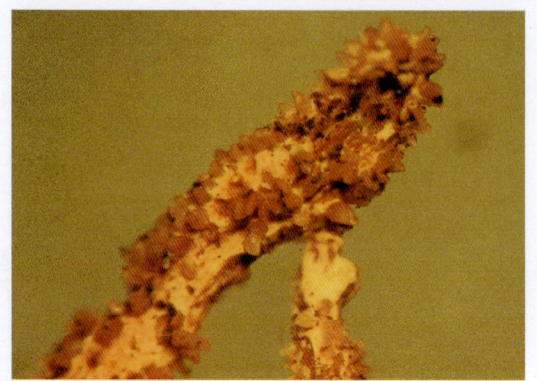
자좌의 머리에 돌출된 자낭각

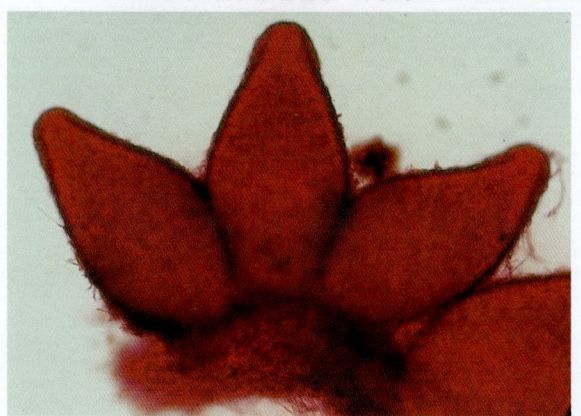
자낭각(100배)

자낭(200배)

12. 균생동충하초 (*Cordyceps jezoensis* Kobayasi)

 땅 속에서 사는 균이나 죽은 나무에 번식한 균에서 발견되며, 자좌는 50~80mm이고, 탄력이 있는 육질이며, 원통형으로, 타원형의 엷은 올리브색 머리와 이것을 받쳐 주는 원기둥 모양의 흰색 자루로 이루어졌다. 머리 표면에는 묻힌형의 자낭각이 깨알 모양으로 낮게 돌출한다. 자낭포자는 가늘고 긴 실 모양으로, 방출 후 격막이 분열하여 2차 포자가 된다.

90. 8. 25. 강원대 홍천 연습림

91. 9. 13. 설악산

91. 9. 13. 설악산

92. 8. 22. 오대산

92. 9. 12. 강원대 홍천 연습림

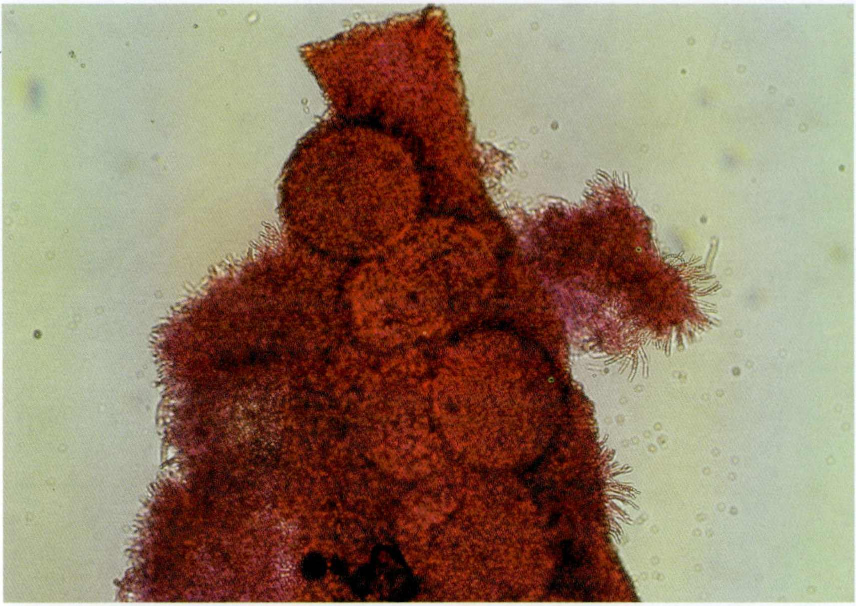

자낭각(50배)

자낭과 자낭포자(100배)

13. 유충흙색동충하초(*Cordyceps konnoana* Kobayasi et Shimizu)

낙엽 밑에서 죽은 딱정벌레의 유충에서 발견되며, 기주의 머리에서 1개 내지 2개의 자좌를 형성한다. 자좌는 기주의 머리에서 발생하는데, 달걀 모양의 자낭각이 돌출되어 있는 머리와 이를 받쳐 주는 검은색의 자루로 이루어져 있다. 자좌의 길이는 35mm, 자낭 내의 자낭포자는 짧은 실 모양으로, 격막이 분열하여 2차 포자를 형성한다.

95. 6. 29. 월악산

곤충 몸 안의 균사체

14. 큰유충방망이동충하초 (*Cordyceps kyushuensis* Kobayasi)

땅 속에 있는 나비목 유충에서 발견되며, 기주의 머리와 배의 마디로부터 여러 개의 자좌를 형성한다. 자좌는 곤봉형이며, 길이는 20~50 mm이고, 등황색을 띤다. 머리와 자루는 명확하지 않으며, 머리는 원기둥 모양이고, 자낭각이 반 돌출형으로 조밀하게 분포한다. 자낭각은 달걀 모양이고, 크기는 410~580 μm×210~330 μm이며, 자낭포자는 2차 포자로 분열하는데, 2차 포자의 크기는 4~5 μm×1 μm이다.

91. 9. 17. 강원대 구내. 자연 상태의 동충하초

강원대 구내에서 발견된 큰유충방망이동충하초

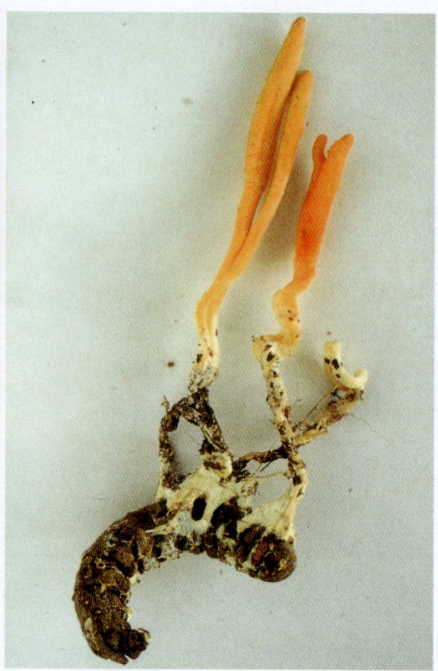

땅 속의 유충에서 형성된 동충하초　　92. 9. 26. 춘천 대룡산

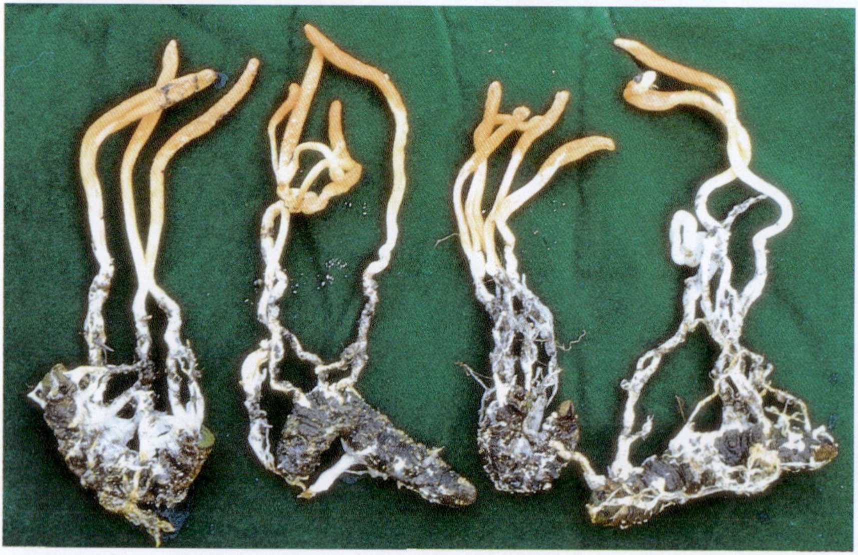

여러 개의 큰유충방망이동충하초

92. 6. 18. 강원대 근처 산

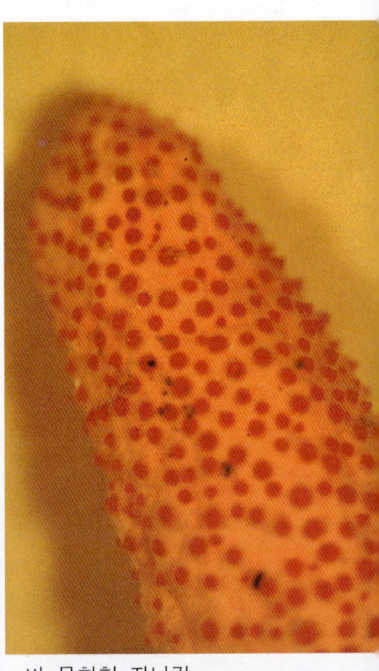

반 묻힌형 자낭각

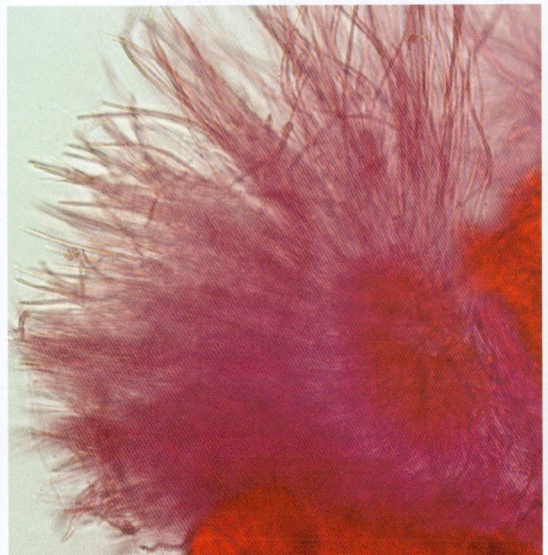

자낭(100배)

자낭포자(200배)

15. 유충홍색다발동충하초 (*Cordyceps martialis* Spegazzini)

땅 속에서 죽은 나비목 유충에서 발견되며, 배 마디에서 여러 개의 자좌를 형성한다. 크기 60mm×11mm 의 자좌는 흙색이 도는 주황색을 띠며, 42mm×11mm인 머리와 18mm×5mm인 암흑색을 띤 자루로 이루어지지만, 그 경계가 명확하지 않다. 자낭각은 비스듬히 묻힌형으로 조밀하게 분포하고, 크기는 560~700μm×330~400μm이다. 자낭의 크기는 280~350μm×3~5μm이고, 실 모양의 자낭포자는 크기가 340μm×1μm이며, 측면을 따라 출아세포와 같은 형태로 발아한다.

94. 7. 18. 춘천시 오봉산

97. 7. 11. 제주도 한라산

93. 7. 5. 강원대 홍천 연습림

묻힌형 자낭각(4배)

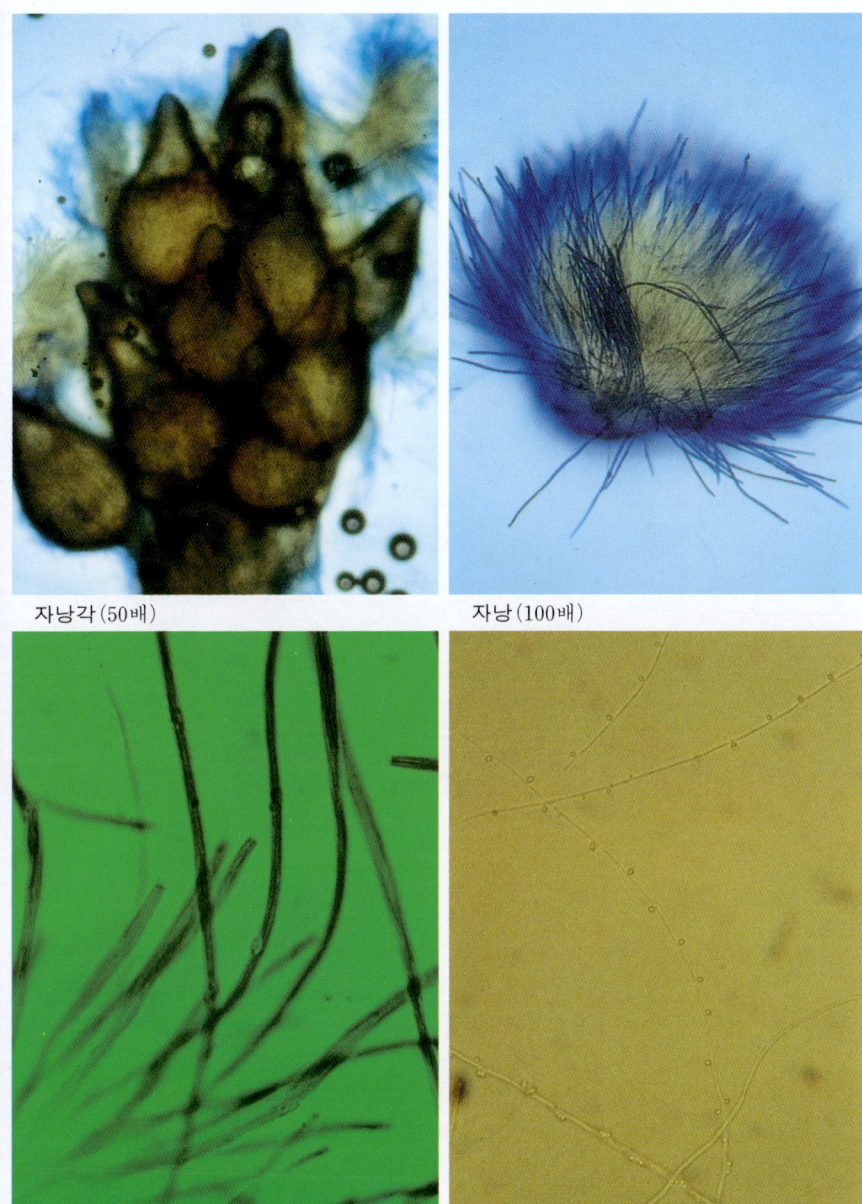

자낭각(50배) 자낭(100배)

자낭(400배) 자낭포자가 발아하여 2차 포자 형성(200배)

93. 8. 27. 청양 칠갑산. 자연 상태의 큰번데기동충하초

16. 큰번데기동충하초(*Cordyceps militaris* (L. ex Fr.) Link.)

 땅 속에 있는 죽은 나비목의 큰번데기에서 발견되며, 여러 개의 자좌를 형성한다. 곤봉형의 자좌는 17~28mm이고, 진한 주황색을 띠는 머리와 그것을 받쳐 주는 17mm×8mm인 자루로 구성되며, 경계가 명확하다. 반이 돌출한 자낭각은 달걀 모양이고, 조밀하게 분포하며, 그 크기는 490~550μm×280~350μm이다. 자낭은 400~420μm×3~4μm이고, 1렬로 배열되었으며, 실 모양의 자낭포자들이 존재한다. 자낭포자는 투명하고 명확한 격막으로 분리된 세포들로 이루어졌으며, 원형의 2차 포자로 발달하여 발아하기 시작한다. 불완전한 세대의 포자는 윤생곁가지포자균속(*Verticillium*)의 형태와 일치한다.

93. 8. 27. 청양 칠갑산. 자연 상태의 동충하초

90. 9. 15. 설악산. 대나무 숲에 형성된 동충하초

90. 8. 14. 양양 갈천

91. 7. 23. 설악산.

90. 9. 15. 설악산. 번데기에서 균사를 형성한 후 자좌를 형성한 동충하초

90. 9. 15. 설악산

90. 9. 15. 설악산

설악산 계곡에서 채집한 큰번데기동충하초

90. 8. 15. 양양 갈천

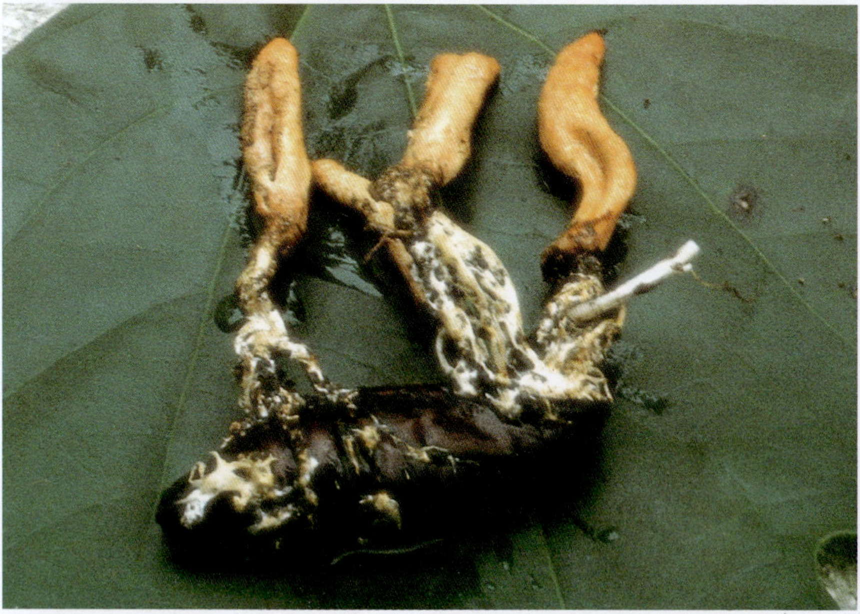

93. 8. 14. 치악산

여러 모양의 자낭각

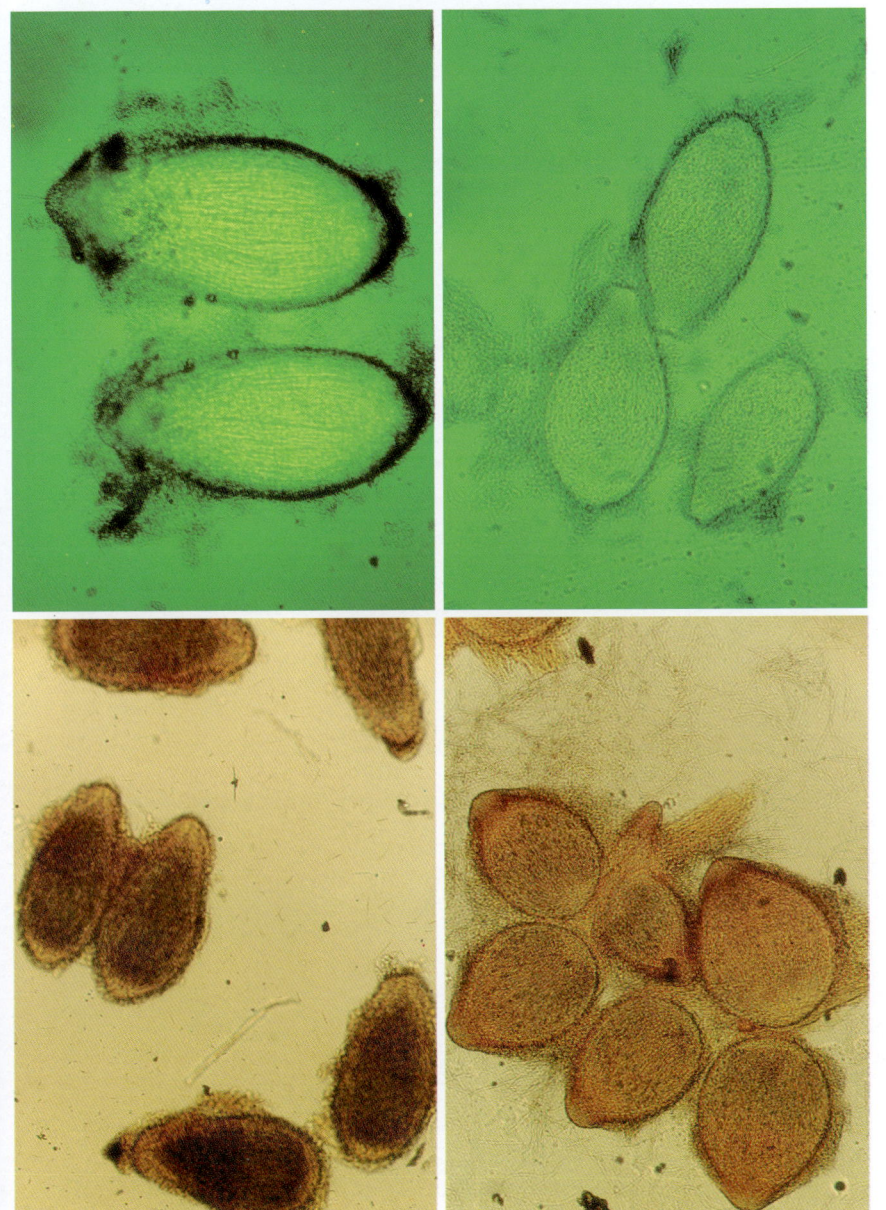

물 한천 배지 위에 떨어진 자낭포자(100배)

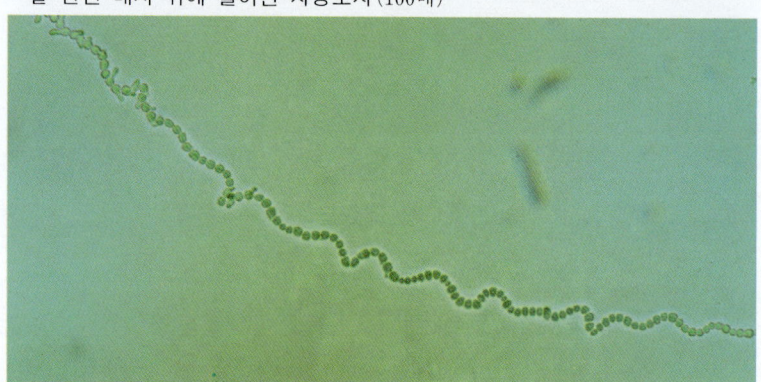

자낭포자가 2차 포자로 분열(200배)

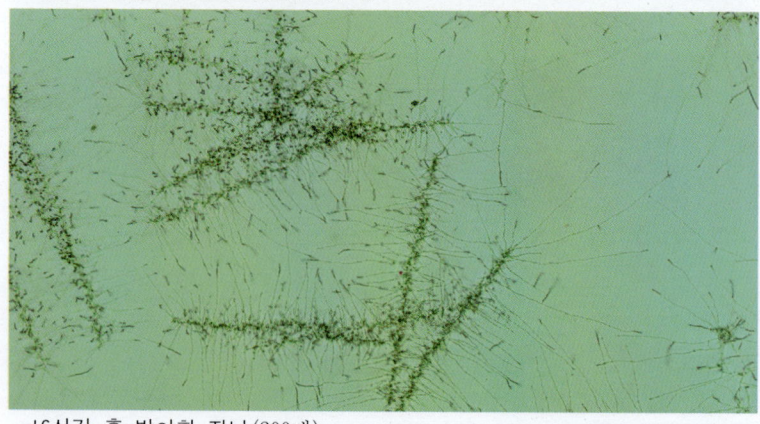

16시간 후 발아한 자낭(200배)

17. 고치큰번데기동충하초 (*Cordyceps militaris* (L. ex Fr.) Link.)

땅 속에 있는 죽은 고치 속의 큰번데기에서 발견되며, 여러 개의 자좌를 형성한다. 기주의 크기는 28~35mm×21~26mm이며, 35~45mm 크기의 자좌는 주황색을 띤다. 곤봉형의 자좌는 진한 주황색을 띠고, 크기 20~30mm인 머리와 그것을 받쳐 주는 크기 18mm×12mm인 자루로 나누어지며, 경계가 명확하다. 머리에는 반 돌출형의 자낭각이 조밀하게 분포하며, 크기는 590~550μm×320~350μm이다. 자낭은 390~425μm×3~4μm이고, 실 모양의 자낭포자들이 존재한다. 자낭포자는 격막에 의하여 분리된 다수의 세포들로 이루어졌으며, 원형의 2차 포자로 발달하여 발아한다.

90. 8. 15. 양양 갈천

90. 8. 15. 양양 갈천

90. 8. 15. 양양 갈천

91. 7. 23. 설악산

93. 8. 14. 치악산

자좌의 머리(4배)

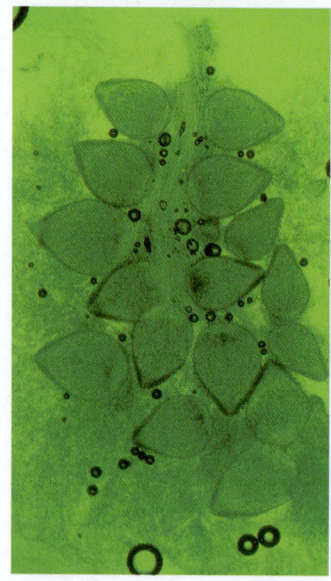
자낭각(100배)

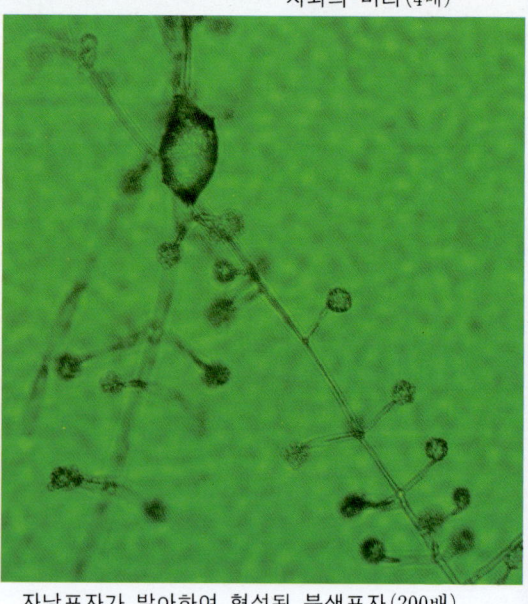
자낭포자가 발아하여 형성된 분생포자(200배)

18. 작은번데기동충하초 (*Cordyceps militaris* (L. ex Fr.) Link.)

　나무 그루터기에 난 구멍에 있는 죽은 작은 번데기에서 발견되며, 기주의 머리로부터 1개 내지 여러 개의 자좌를 형성한다. 기주의 크기는 17mm×7mm이며, 자좌는 55mm×4mm이고, 주황색을 띤다. 자좌는 8mm×4mm 크기의 머리와 45mm×3mm 되는 자루로 나누어지는데, 경계가 명확하다. 반이 돌출한 달걀 모양의 자낭각은 머리에 조밀하게 분포하며, 크기는 450~510μm×180~210μm이다. 자낭은 1렬로 배열되며, 실 모양의 자낭포자들이 존재한다. 자낭포자는 격막으로 분리된 다수의 세포들로 이루어진다.

94. 8. 31. 강원대 춘천 연습림

머리의 자낭각(3배)　　94. 7. 14. 치악산

93. 8. 14. 치악산

95. 9. 5. 치악산

93. 8. 27. 칠갑산

93. 8. 27. 칠갑산

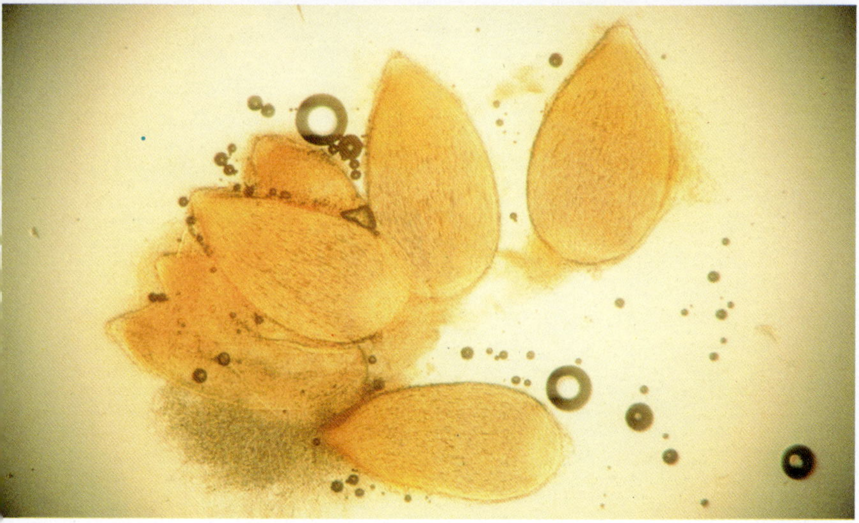

자낭각(100배)

19. 송충이동충하초(*Cordyceps militaris* (L. ex Fr.) Link.)

낙엽 속에 있는 죽은 송충이에서 발견되며, 기주의 배에서 1개 내지 여러 개의 자좌를 형성한다. 기주의 크기는 46mm×10mm이며, 자좌의 길이는 35mm이고, 주황색을 띤다. 자좌는 13~18mm의 머리와 그것을 받쳐 주는 28~33mm의 자루로 나누어지며, 경계가 명확하다. 머리에 깨알 모양으로 반 돌출한 자낭각은 달걀 모양으로 조밀하게 분포하며, 크기는 420~450μm×230~350μm이다.

91. 8. 23. 설악산

91. 7. 23. 설악산

확대한 동충하초(4배)

자낭각(50배)

자낭포자(100배)  자낭포자의 발아

20. 토와유충동충하초 (*Cordyceps militaris* (L. ex Fr.) Link.)

땅 속에서 죽은 고치 속 유충에서 발견되며, 기주의 배에서 1개의 자좌를 형성한다. 기주의 크기는 22~25mm이고, 자좌의 길이는 60mm 내외로 오렌지색을 띤다. 곤봉형의 자좌는 길이 19~23mm의 머리와 37~41mm의 자루로 나누어지며, 경계가 명확하다. 머리에 깨알처럼 반 돌출한 자낭각은 달걀 모양으로 조밀하게 분포하며, 크기는 650~700μm×340~400μm이다. 자낭은 1렬로 배열되며, 실 모양의 자낭포자들이 존재한다.

93. 8. 14. 치악산에서 찾아 낸 동충하초 군락

93. 8. 14. 치악산

94. 8. 14. 치악산

95. 9. 2. 양양 갈천

93. 8. 14. 치악산

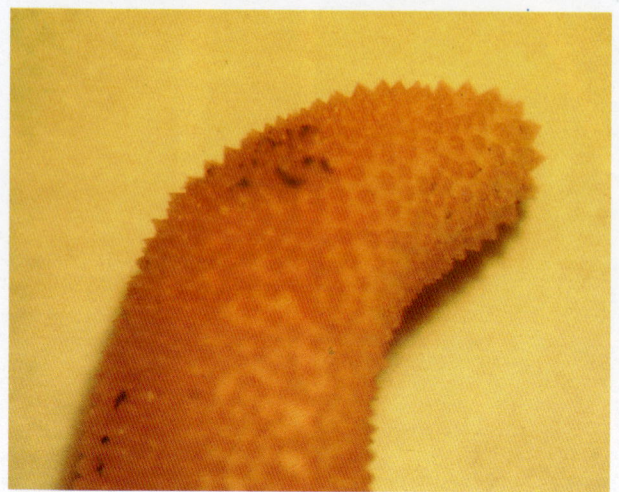

확대한 머리(4배)

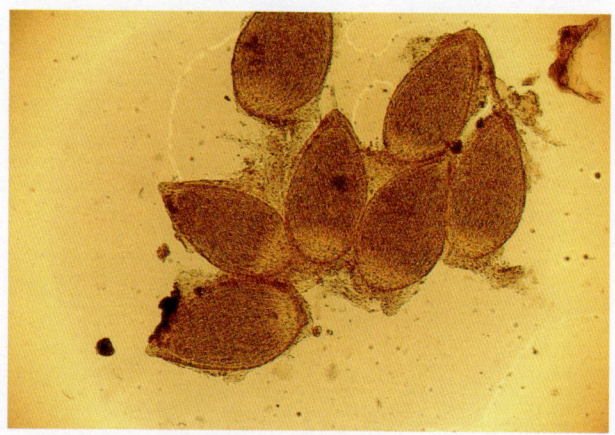

자낭각(100배)

21. 둥근번데기동충하초 (*Cordyceps militaris* (L. ex Fr.) Link.)

땅 속에 있는 쐐기나방과 번데기에서 발견되며, 1개의 자좌를 형성한다. 기주의 크기는 8mm×4mm이며, 자좌의 길이는 3.5mm이고, 오렌지색을 띤다. 자좌는 짙은 오렌지색을 띠는 7mm 되는 머리와 2.9mm 되는 자루로 나누어지며, 경계가 명확하다. 머리에는 깨알처럼 생긴 반 돌출한 자낭각이 달걀 모양으로 조밀하게 분포하며, 크기는 490~540μm×280~300μm이다. 자낭은 1렬로 배열되며, 실 모양의 자낭포자들이 존재한다. 자낭포자는 투명하고, 명확한 격막으로 분리된 다수의 세포들로 이루어진다.

93. 8. 14. 치악산

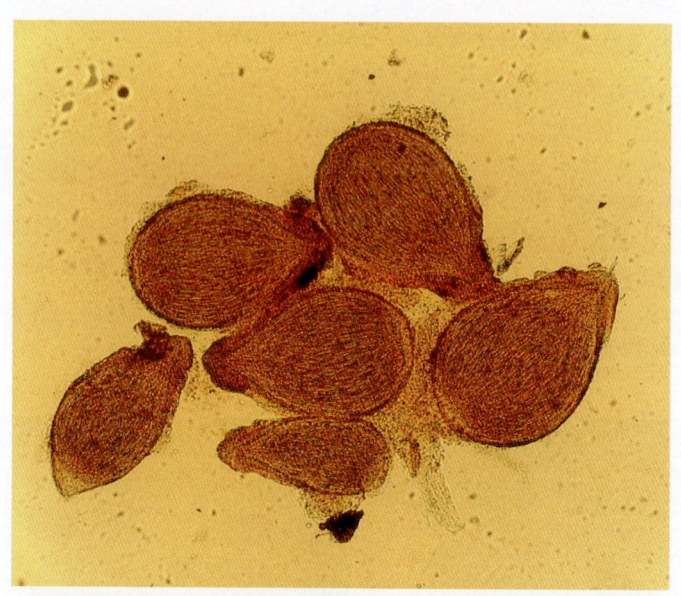

자낭각(100배)

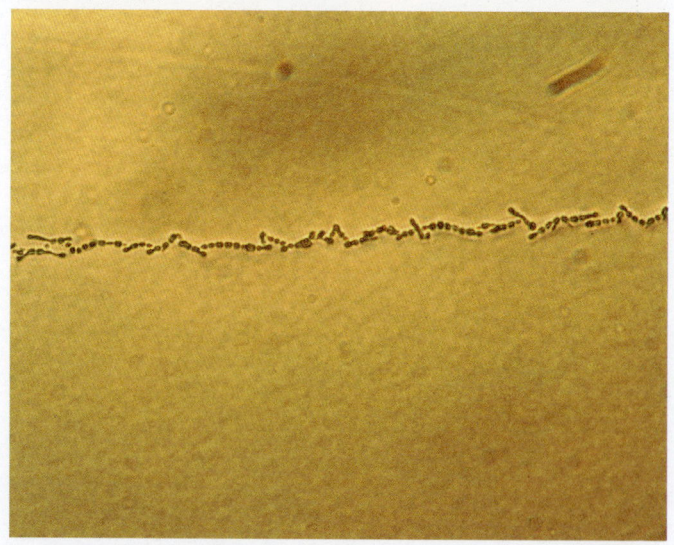

발아한 자낭포자(200배)

22. 유충회색곰보동충하초 (*Cordyceps* sp.)

땅 속에 있는 유충에서 발견되며, 1개의 자좌를 형성한다. 기주의 크기는 24mm×4mm 내외이고, 자좌의 길이는 32mm이다. 자좌는 암초록색을 띠는 머리와 노란색을 띠는 자루로 이루어지며, 경계가 명확하다. 자낭각을 가진 머리의 길이는 12mm이고, 자루는 20mm 내외이다. 머리에 깨알처럼 생긴 묻힌형의 자낭각이 조밀하게 분포한다.

95. 6. 23. 중국 구이저우(貴卅)

23. 개미긴자루동충하초(*Cordyceps myrmecophila* Kobayasi)

낙엽 밑에 있는 죽은 개미의 성충에서 발견되며, 기주의 머리나 가슴에서 1개의 자좌를 형성한다. 자좌의 길이는 55mm이며, 크기가 50 mm×1mm인 등황색의 자루와 1~5mm 크기의 머리로 이루어져 있다. 자낭각은 병 모양으로, 크기는 630μm×350μm이고, 자낭은 600~950μm ×4~5μm이며, 자낭포자는 실 모양으로 방출하여 2차 포자로 분열한다.

94. 7. 6. 강원대 홍천 연습림

94. 7. 18. 춘천시 오봉산

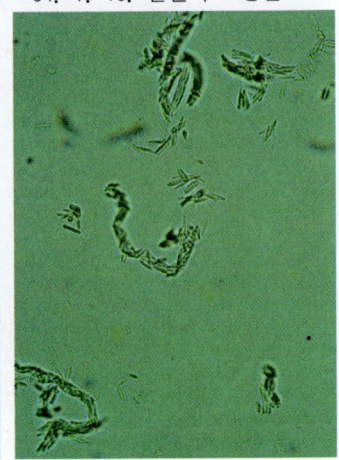

자낭과 자낭포자(100배)

94. 7. 18. 춘천시 오봉산

24. 유충검은동충하초(*Cordyceps nigrella* Kobayasi et Shimizu)

낙엽 밑에 있는 죽은 밤나방과의 유충에서 발견되며, 기주의 머리에서 1개 내지 2개의 자좌를 형성한다. 자좌는 달걀 모양의 자낭각이 묻혀 있는 머리와 그것을 받쳐 주는 검은색의 자루로 이루어져 있다. 자좌의 길이는 30~40mm이고, 자낭 내의 자낭포자는 짧은 실 모양으로 격막이 분열하여 각각 4개씩의 2차 포자를 형성한다.

92. 8. 29. 춘천 오봉산

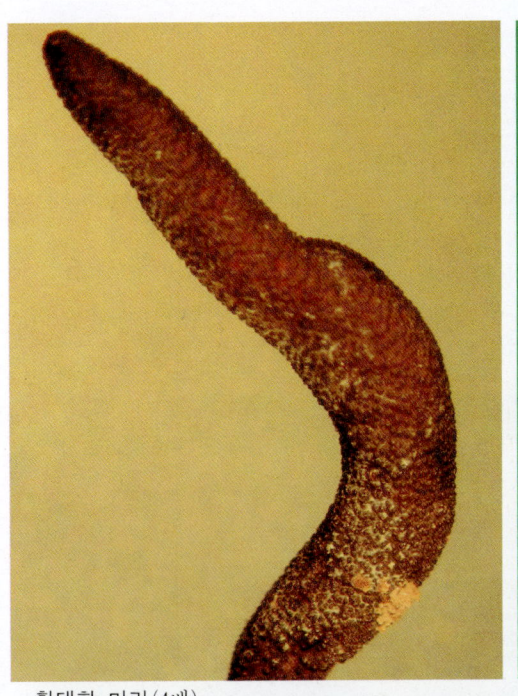
확대한 머리(4배)

자낭포자(100배)

자낭과 자낭포자(200배)

25. 노린재동충하초 (*Cordyceps nutans* Pat.)

낙엽 밑에 있는 죽은 여러 종류의 노린재에서 발견되며, 머리와 배에서 1개 내지 2~3개의 자좌를 형성한다. 자좌는 크기 50~160mm×1~2mm인 흑색 자루와 10~21mm×2~4mm인 주황색을 띤 면봉형의 머리로 이루어졌으며, 머리에는 비스듬히 묻힌형의 자낭각이 조밀하게 분포한다. 자낭포자는 520~570μm로, 실 모양이며, 64개의 2차 포자로 분열하여 발아한다. 거의 모든 지역에서 채집된다.

94. 8. 14. 치악산에서 채집한 노린재동충하초

94. 8. 4. 강원대 춘천 연습림

치악산에서 채집한 노린재동충하초

94. 7. 17. 강원대
홍천 연습림

94. 8. 4. 치악산 상원사

머리에 묻힌 자낭각(5배)

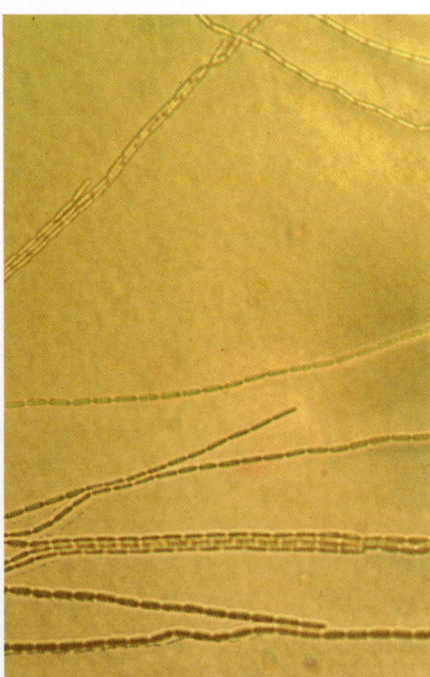
자낭포자(100배)

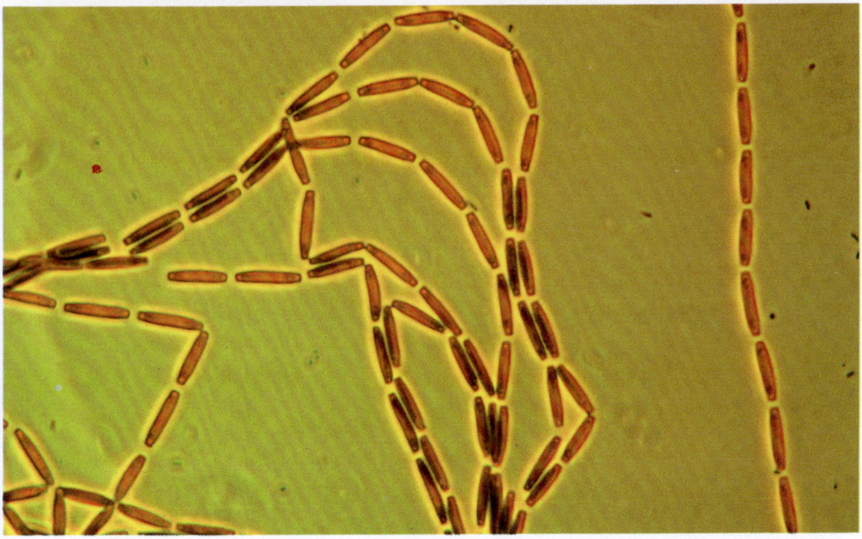

자낭포자(1000배)

26. 유충가시동충하초(*Cordyceps ochraceostromata* Kobayasi et Shimizu)

낙엽 밑에 있는 죽은 나방의 유충에서 발견되며, 배에서 1개의 자좌를 형성한다. 기주의 크기는 11mm×3mm이고, 자좌는 노란색을 띤 갈색의 자루와 엷은 노란색으로 23mm×2mm 크기의 머리로 이루어져 있으며, 끝에는 가는 부속사가 있다. 묻힌형인 자낭각의 크기는 340~410μm×210~220μm이고, 크기 200~235μm×8μm의 자낭을 가진다. 자낭포자는 120~140×2μm이고, 격막을 가졌으며, 2차 포자로 분열하지 않고 바로 바늘다발동충하초속균의 분생포자를 형성한다.

95. 8. 1. 치악산 구룡사

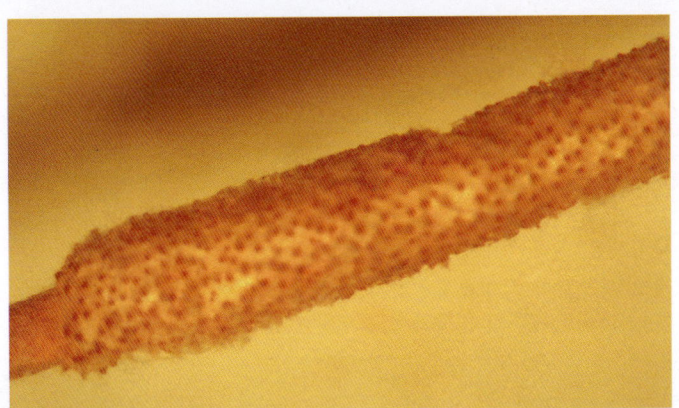
확대한 머리(4배)

자낭각에서 분출하는 자낭(100배)

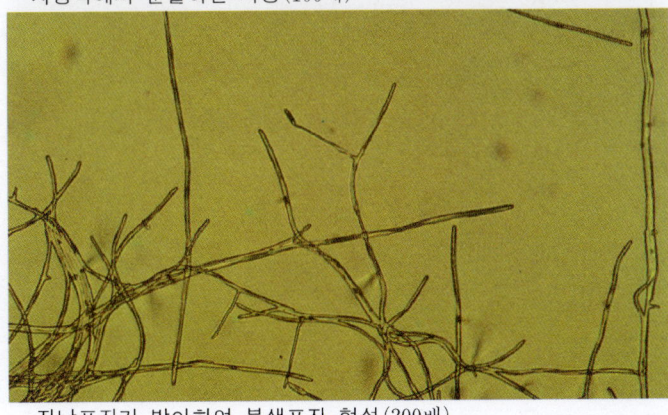
자낭포자가 발아하여 분생포자 형성(200배)

27. 유충주걱동충하초(*Cordyceps ootakiensis* Kobayasi et Shimizu)

땅 속에 있는 죽은 나비목 유충에서 발견되며, 기주의 머리와 배로부터 3개의 자좌를 형성한다. 자좌는 주걱 모양이며, 길이는 26~47mm로 등황색을 띤다. 머리와 자루는 그 경계가 명확하지 않으며, 묻힌형의 자낭각은 달걀 모양으로, 원기둥 모양의 머리 선단부에 조밀하게 분포하며, 자낭포자는 2차 포자로 분열한다.

91. 8. 13. 강원대 구내

28. 균핵동충하초(*Cordyceps ophioglossoides* (Ehr.) Fr.)

까치박달 밑에 생긴 균핵에서 발견되며, 1개의 자좌를 형성한다. 기주인 균핵의 크기는 지름 11~14mm의 구형이다. 균핵에서 나온 자좌의 길이는 60~80mm이고, 주걱 모양의 머리는 갈색이며, 크기는 24mm×8mm이다. 묻힌형의 자낭각을 가졌으며, 크기는 600~700μm×200~320μm이다. 자낭은 400~450μm×7~10μm이고, 자낭포자는 실모양이며, 2차 포자로 분열한다.

95. 9. 2. 설악산

95. 9. 2. 설악산. 까치박달 밑에 형성된 균핵동충하초

균핵과 균핵에 형성된 동충하초

자낭각(100배)

자낭각에서 분출된 자낭과 자낭포자(200배)

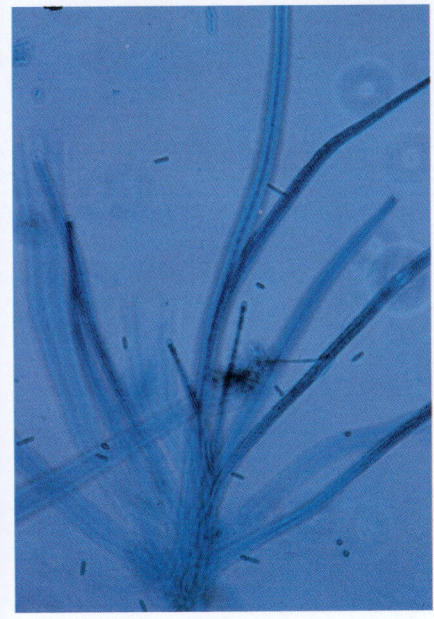
자낭(400배)

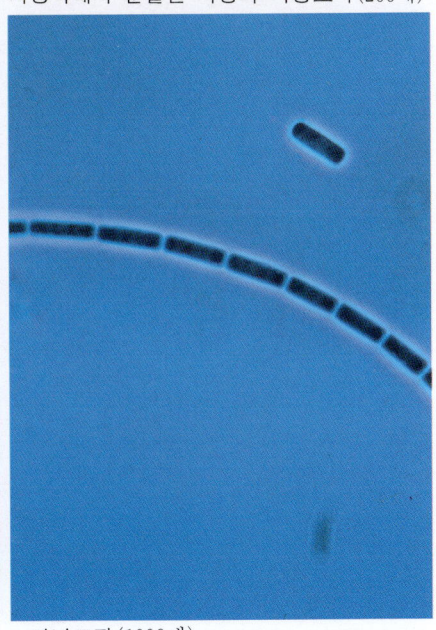
자낭포자(1000배)

29. 벌가시동충하초(*Cordyceps oxycephala* Penz. et Sacc.)

낙엽 밑에 있는 죽은 벌에서 발견되며, 기주의 배에서 1개 또는 2~3개의 자좌를 형성한다. 자좌는 엷은 황색을 띠고, 크기가 85mm×1mm 인 자루와 14mm×2mm의 크기를 가진 머리로 되어 있다. 머리는 자루의 중간에 있으며, 그 위에 부속사가 있다. 비스듬히 묻힌 자낭각의 크기는 700~800μm×220~280μm이고, 실 모양의 자낭포자는 방추형의 2차 포자로 분열한다.

94. 8. 31. 강원대 춘천 연습림

부속사를 가진 머리(2.5배)

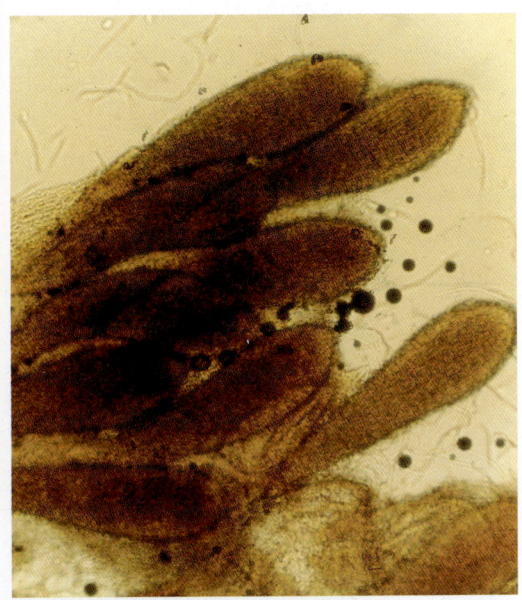
자낭각(100배)

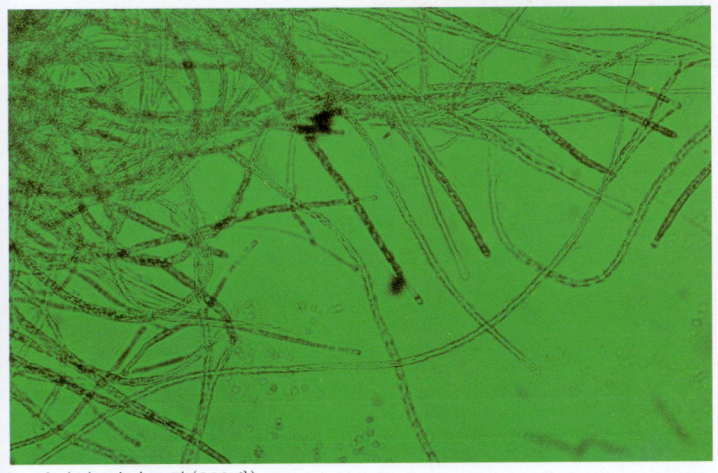
자낭과 자낭포자(200배)

30. 유충가는점박이동충하초 (*Cordyceps paludosa* Mains)

나비목의 유충을 기주로 하여 1개 또는 2개의 자좌를 형성하며, 가늘고 길게 뻗어난 자좌는 크기가 50mm×0.5~1mm로 황갈색을 띤다. 자좌의 꼭대기에는 자낭각이 분포하지 않는 불임성 부속사가 존재하며, 자낭각은 달걀 모양으로 가늘게 돌출한다. 자낭각의 크기는 550μm×330μm이고, 자낭포자는 2차 포자로 분열하지 않는다.

93. 8. 21. 치악산

머리에 돌출된 자낭각

31. 노린재부리동충하초 (*Cordyceps pentatomi* Koval)

낙엽 밑에 있는 죽은 노린재에서 발견되며, 가슴에서 1개의 자좌를 형성한다. 자좌는 30 mm로, 흑색의 자루와 측생으로 존재하는 타원형의 머리로 되어 있다. 자루는 꼭대기로 가면서 가늘어지며, 머리 위에 부속사가 있다. 머리는 황색을 띠며, 묻힌형의 자낭각이 조밀하게 분포한다. 서양배 모양인 자낭각의 크기는 680~820μm×330~390μm이다. 실 모양의 자낭포자는 2차 포자로 분열한다.

94. 7. 24. 춘천시 오봉산

97. 8. 21. 강원대 춘천 연습림

머리에 묻힌 자낭각(2.5배)

자낭각(100배)

배양한 균사에서 형성된
연쇄상 분생포자(200배)

32. 붉은자루동충하초 (*Cordyceps pruinosa* Petch)

땅 속에 있는 죽은 원형의 번데기를 기주로 1개 또는 3~4개의 곤봉형 자좌를 형성한다. 기주의 크기는 8mm×9mm이고, 자좌는 머리와 자루로 되어 있는데, 경계가 명확하다. 붉은색을 띠는 머리는 크기가 9mm×3mm로, 반 묻힌형의 자낭각이 조밀하게 분포한다. 자낭각의 크기는 350~420μm×180~200μm이고, 자낭포자는 양 끝에 4개의 자낭포자가 실 모양의 끈으로 연결된 특이한 포자를 방출한다. 자낭포자는 2차 포자로 분열하지 않으며, 자낭포자의 각 세포들이 직접 균사로 발아하게 된다. 불완전 세대는 *Mariannaea pruinosa*속인 것으로 밝혀졌다.

93. 8. 27. 청양 칠갑산

92. 9. 20. 강원대 춘천 연습림

91. 7. 13. 광양

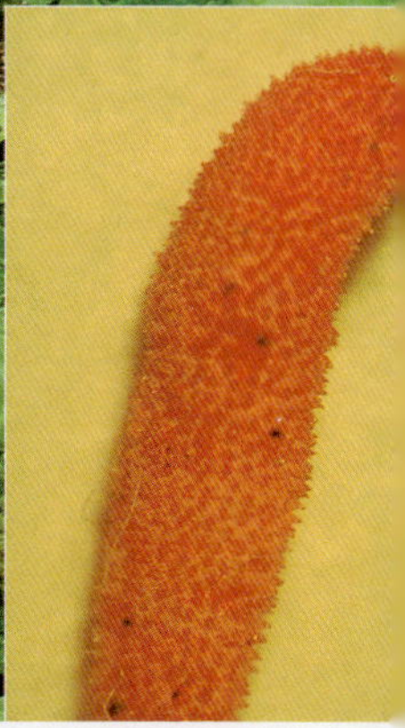

93. 8. 27. 청양 칠갑산   확대한 머리(4배)

95. 9. 17. 춘천시 오봉산

자낭각(100배) 실 같은 끈으로 연결된 자낭포자(200배)

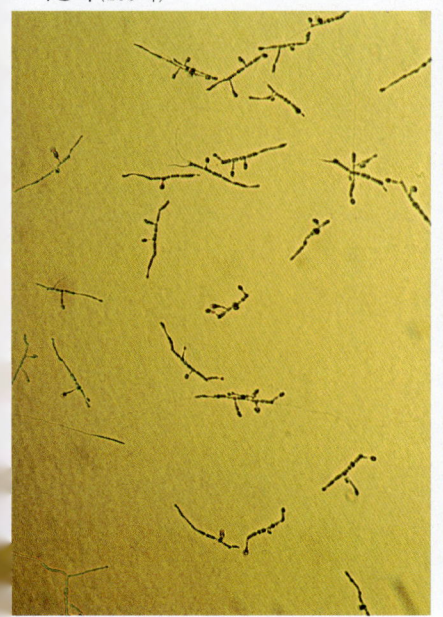
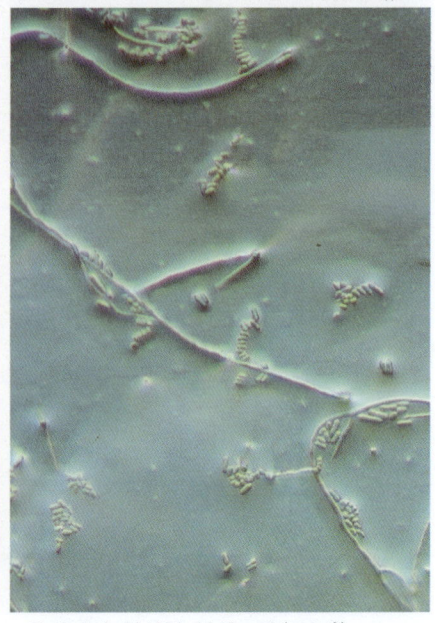

자낭포자의 발아(100배) 균사에서 형성된 분생포자(200배)

33. 유충긴부리동충하초(*Cordyceps purpureostromata* Kobayasi et Shimizu)

낙엽 밑에서 죽은 딱정벌레의 유충에서 발견되며, 가슴이나 배로부터 1개의 자좌를 형성한다. 땅 위로 나온 자좌는 24mm로, 연한 주홍색의 자루에 측생하는 타원형의 머리로 되어 있다. 자루는 꼭대기로 갈수록 가늘어지며, 부속사를 가진다. 머리는 옅은 황색을 띠며, 묻힌형의 자낭각이 빽빽하게 분포한다. 실 모양의 자낭포자는 2차 포자로 분열한다.

95. 9. 2. 양양 갈천

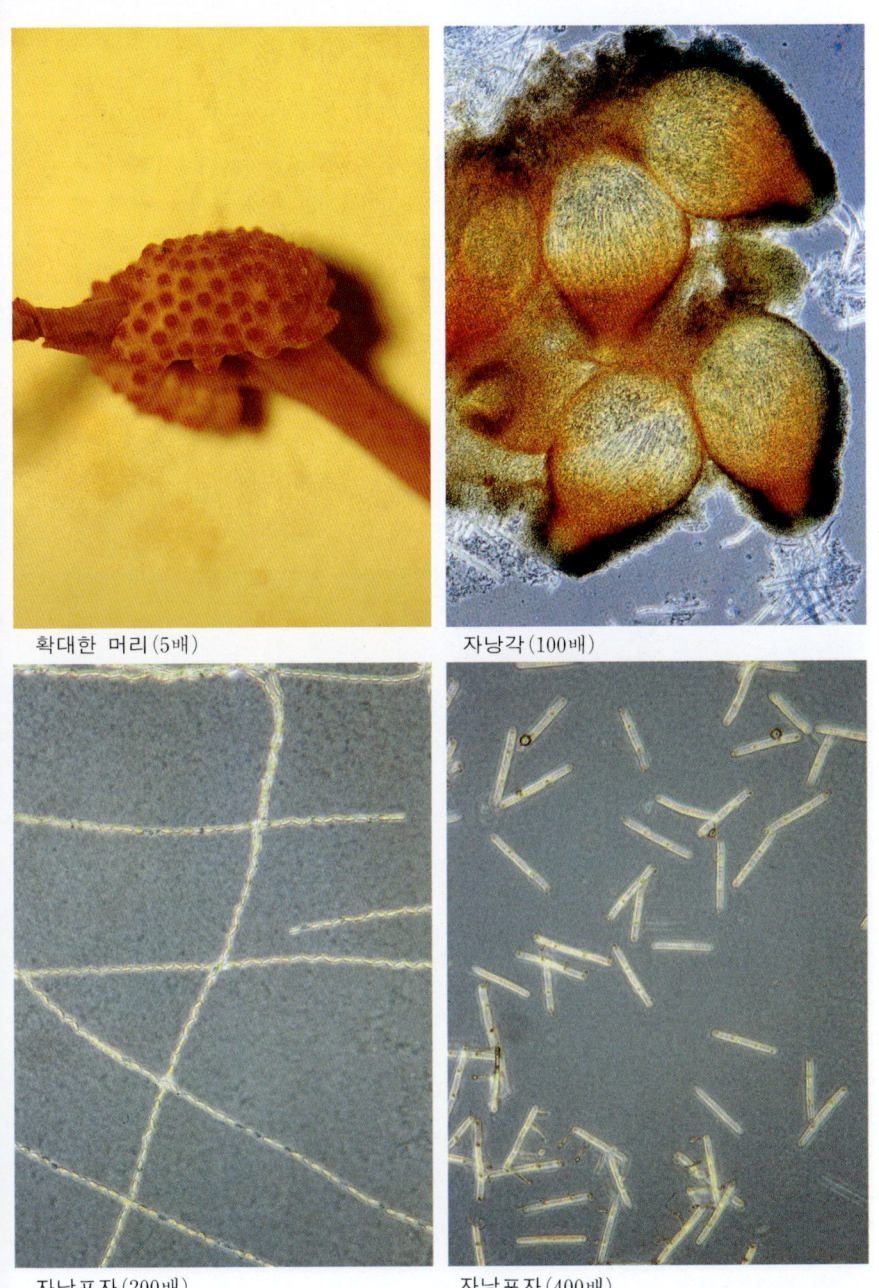

확대한 머리(5배)   자낭각(100배)

자낭포자(200배)   자낭포자(400배)

34. 유충직립동충하초 (*Cordyceps rosea* Kobayasi et Shimizu)

 땅 속에 있는 죽은 나비목의 유충에서 발견되며, 머리에서 1개의 곤봉형 자좌를 형성한다. 유충은 24~28mm로, 땅 속에 똑바로 서서 살고, 자좌는 붉은색을 띤 황색으로, 22mm×2mm인 자루와 진한 주황색을 띤 12mm×3mm의 머리로 이루어지며, 경계는 명확하지 않다. 자낭각은 반 묻힌형으로 240~270μm×140~170μm, 머리 꼭대기로 갈수록 조밀하나 밑은 다소 성기다. 자낭은 100μm×3~4μm, 자낭포자는 120μm×1~1.5μm로, 2차 포자로는 분열하지 않는다.

94. 7. 3. 오대산

94. 7. 3. 오대산

35. 유충노랑점박이동충하초(*Cordyceps ryogamiensis* Kobayasi et Shimizu)

딱정벌레목의 유충을 기주로 1개의 자좌를 형성하며, 자좌의 크기는 17mm×1mm로 담황색을 띤다. 자낭각은 달걀 모양으로 담황색을 띠며, 크기는 300~450μm×250~300μm이다.

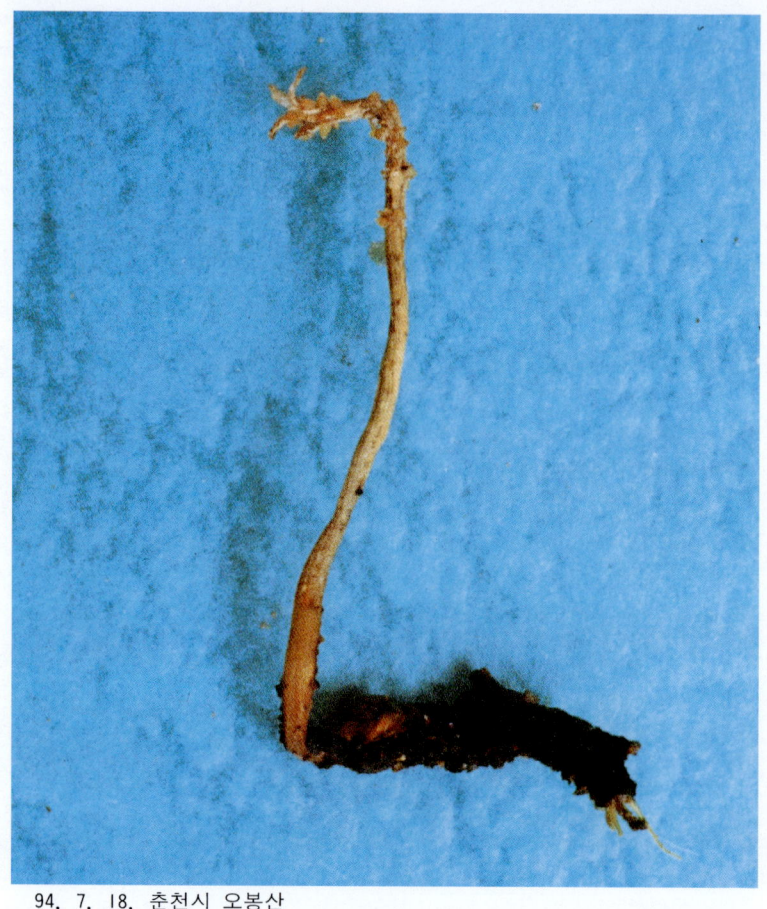

94. 7. 18. 춘천시 오봉산

36. 풍뎅이동충하초 (*Cordyceps scarabaeicola* Kobayasi)

낙엽 밑에 있는 죽은 풍뎅이에서 발견되며, 머리와 배로부터 1~2개의 자좌를 형성한다. 자좌는 곤봉형의 머리와 원기둥 모양의 자루로 이루어지는데, 머리의 크기는 10~15mm×3~4mm로 담황색을 띠며, 자루는 15~20mm이다. 자낭각은 달걀 모양으로, 반 묻힌형으로 조밀하게 분포하며, 550~600μm×180~200μm이다. 자낭의 크기는 130~155μm×4μm이며, 자낭포자는 실 모양이고, 방출 후 포자가 분열하여 2차 포자를 형성한다. 불완전 세대로는 백강균속(*Beauveria*)의 포자와 유사한 형태의 포자를 생산한다.

90. 8. 14. 양양 갈천

92. 8. 27. 양양 갈천

93. 8. 27. 양양 갈천

90. 8. 14. 양양 갈천

— 125 —

92. 8. 14. 양양 갈천

92. 8. 27. 양양 갈천

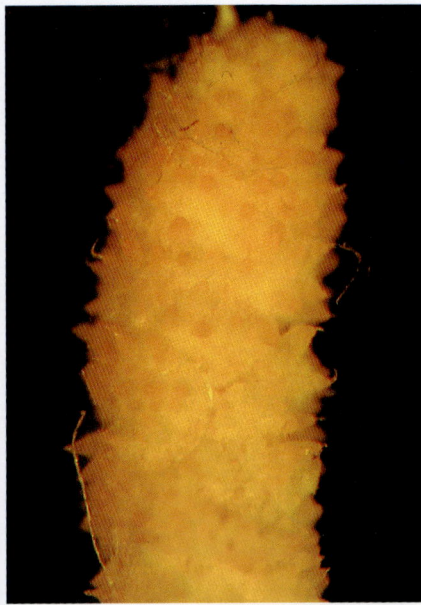
머리에서 자낭이 분출하는 모습(5배)

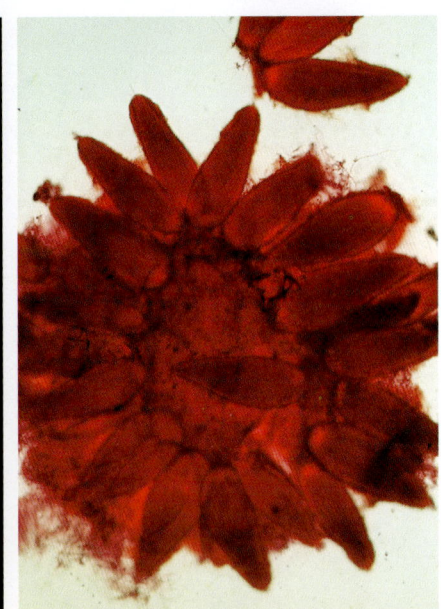
자낭각(50배)

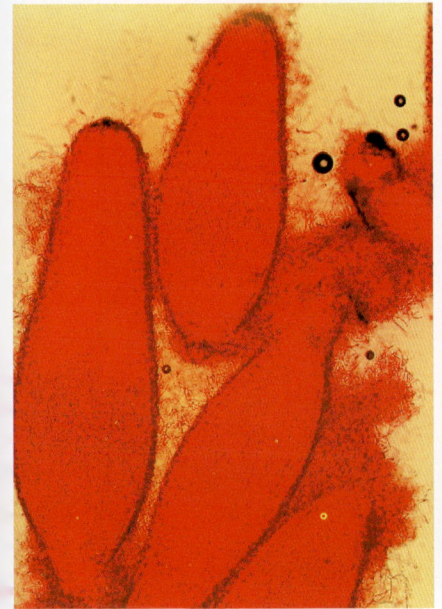
자낭각(100배)

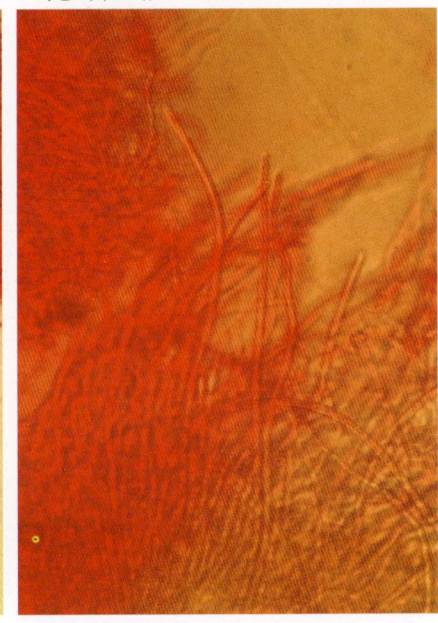
분생포자(200배)

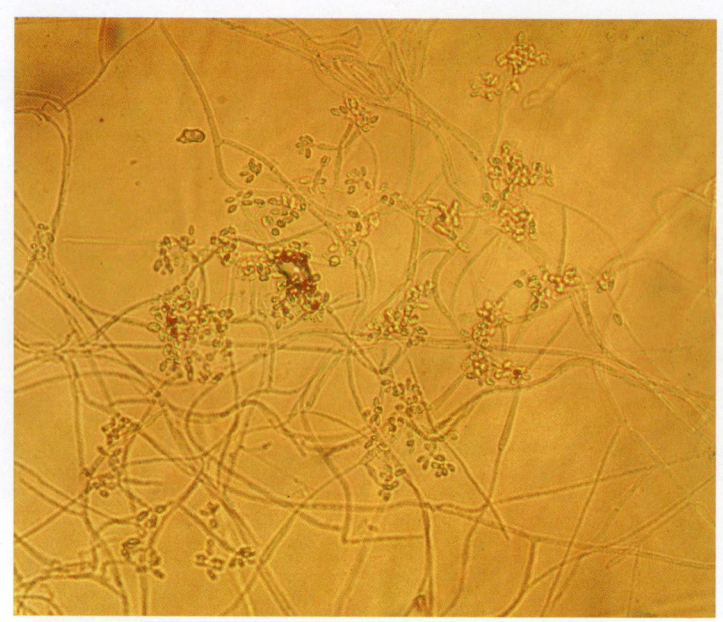
분생포자(100배)

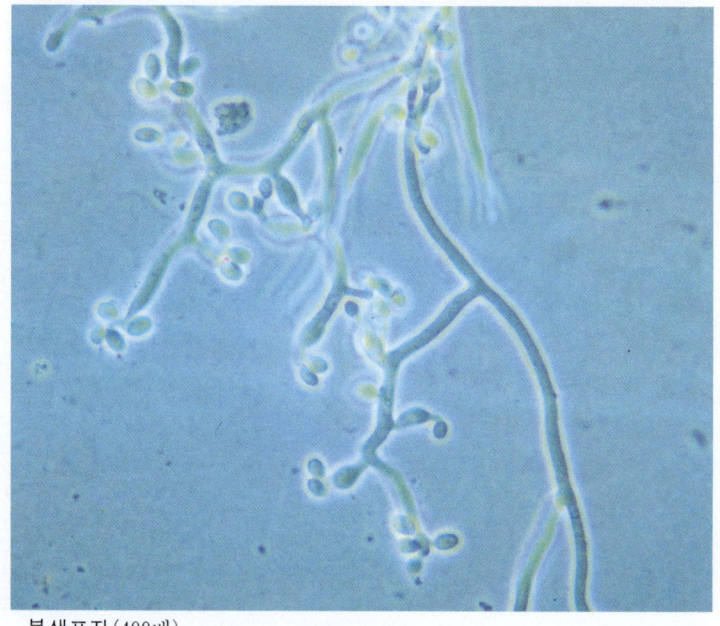
분생포자(400배)

37. 동충하초 (*Cordyceps sinensis* (Berk.) Sacc.)

 땅 속에 있는 죽은 유충에서 발견되며, 기주의 머리에서 1개의 자좌를 형성한다. 자좌는 곤봉형의 머리와 그것을 받쳐 주는 원기둥 모양의 자루로 이루어지는데, 길이는 40mm, 머리의 길이는 15mm이다. 자낭각은 머리에 빽빽하게 형성된다.

95. 6. 28. 중국 구이저우(貴卅)   확대한 머리(4배)

38. 매미다발동충하초(*Cordyceps sobolifera* (Fill.) Ber. et Br.)

땅 속에 있는 죽은 매미 유충에서 발견되며, 기주의 머리에서 1개 또는 2~3개의 자좌를 형성한다. 담황색을 띤 머리에는 묻힌형의 자낭각이 분포한다.

90. 9. 14. 강원대 춘천 연습림

39. 벌동충하초 (*Cordyceps sphecocephala* (KI.) Sacc.)

낙엽 밑에 있는 죽은 벌에서 발견되며, 기주의 머리와 가슴에서 1개 또는 2~3개의 자좌를 형성한다. 연한 노란색을 띠는 자좌는 크기 6 mm×2mm인 긴 타원형의 머리와 60mm×1mm의 자루로 이루어진다. 머리는 비스듬히 묻힌형의 자낭각이 조밀하게 분포한다. 자낭각의 크기는 800~1000μm×200~320μm이고, 안에는 원통형의 자낭이 다수 분포한다. 실 모양의 자낭포자의 크기는 700~750μm이며, 분열하여 방추형의 2차 포자를 형성한다.

94. 7. 27. 강원대 홍천 연습림

95. 8. 4. 춘천 강촌

93. 8. 14. 치악산

96. 9. 8. 치악산

96. 10. 5. 삼악산

94. 7. 14. 치악산

94. 7. 27. 강원대 홍천 연습림

92. 7. 22. 오대산

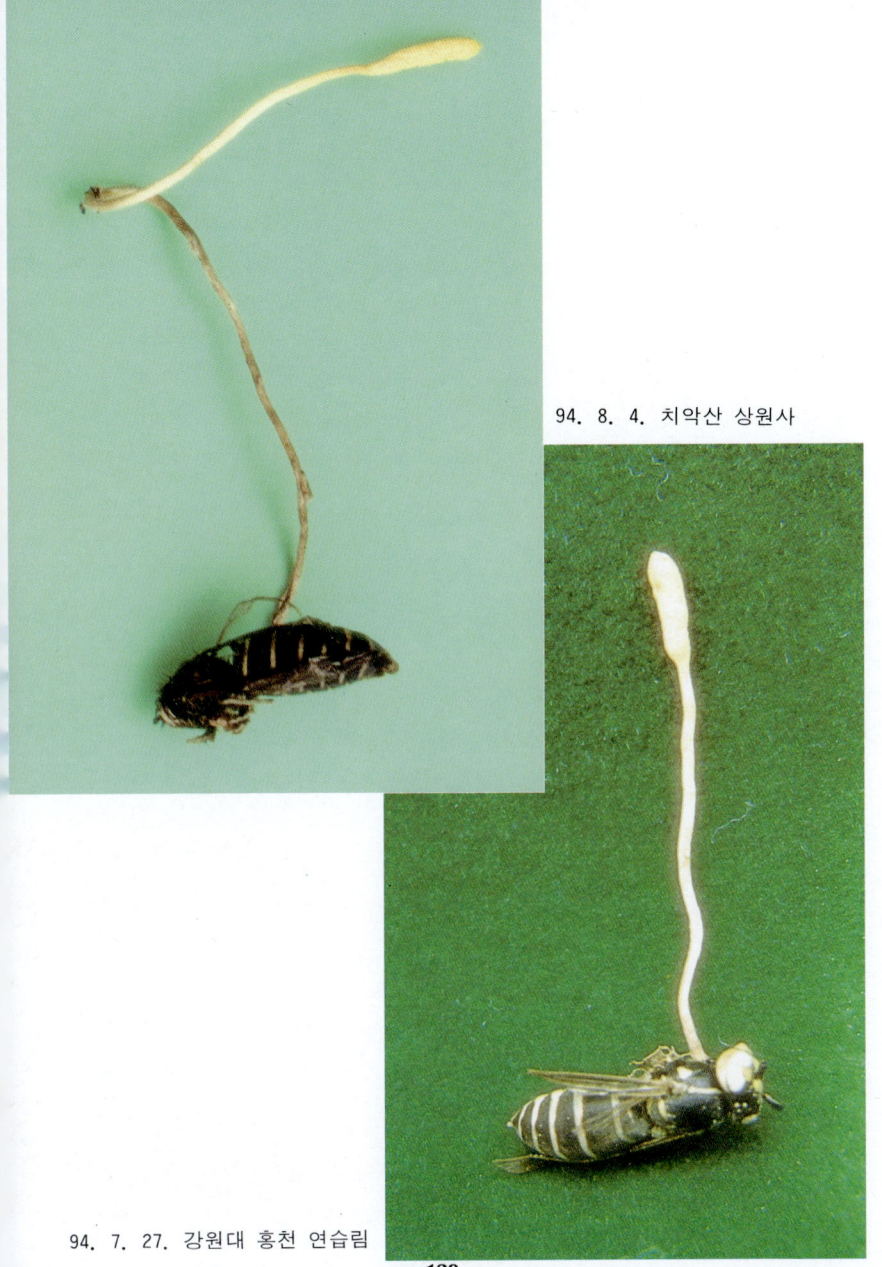

94. 8. 4. 치악산 상원사

94. 7. 27. 강원대 홍천 연습림

강원대 연습림에서 채집한 벌동충하초

확대한 머리(4배)

자낭각(50배)

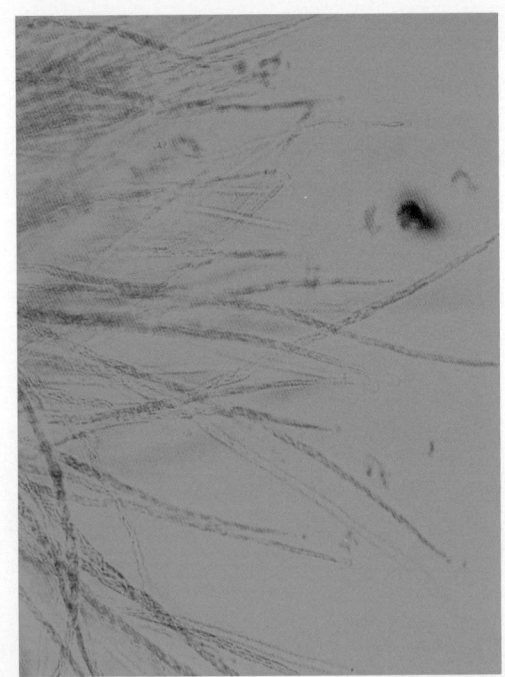

자낭과 자낭포자(100배)

자낭포자(200배)

40. 벌긴곤봉형동충하초 (*Cordyceps* sp.)

낙엽 밑에 있는 죽은 벌에서 발견되며, 기주의 가슴에서 1개 또는 2개의 자좌를 형성한다. 기주의 크기는 11mm×3mm이고, 자좌는 엷은 황색을 띠고, 길이가 150mm인 자루의 꼭대기에 4mm×2mm 크기의 머리가 측생하는 형태로 이루어져 있다. 자낭각은 머리에 묻혀 있으며, 자낭포자는 벌동충하초(*C. sphecocephala*)와 유사하다.

94. 8. 4. 치악산 상원사

95. 8. 17. 춘천시 오봉산　　　　　　　　　　　확대한 머리(4배)

확대한 머리(4배)　　　93. 8. 14. 치악산

94. 8. 31. 강원대 춘천 연습림

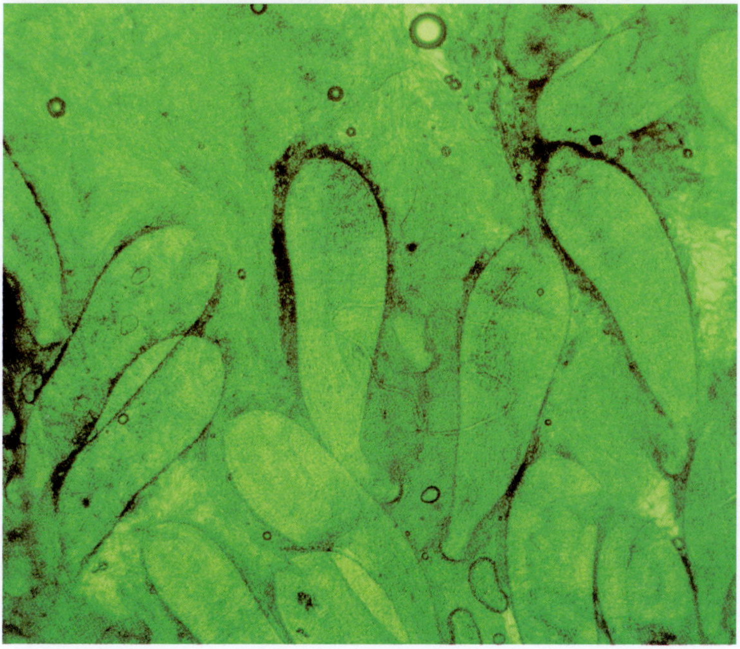

자낭각(100배)

자낭과 자낭포자(100배)

자낭포자(200배)

41. 벌면봉형동충하초 (*Cordyceps* sp.)

낙엽 밑에 있는 죽은 벌에서 발견되며, 기주의 가슴이나 머리에서 엷은 황색의 자좌 1개를 형성하고, 자좌는 크기 4mm×2mm인 면봉형의 머리와 150mm×1mm의 자루로 이루어져 있다. 자낭각은 머리에 묻혀 있으며, 자낭포자는 실 모양으로, 분열하여 방추형의 2차 포자를 형성한다.

93. 6. 25. 강원대 춘천 연습림

90. 8. 14. 구룡령    90. 9. 30. 강원대 춘천 연습림

94. 8. 4. 치악산 상원사 　　　95. 8. 10. 춘천 강촌

93. 8. 14. 치악산

확대한 머리(4배)

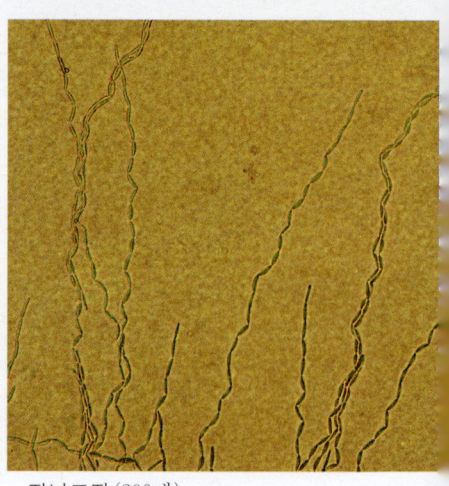
자낭포자(200배)

42. 유충노랑곰보동충하초 (*Cordyceps staphylinidaecola* Kobayasi et Shimizu)

땅 속에 있는 죽은 유충에서 발견되며, 1개의 자좌와 분생포자를 동시에 형성한다. 밝은 노란색의 자좌는 전체 길이가 45mm이고, 17mm×4mm 크기의 머리와 28mm의 자루로 이루어져 있지만, 그 경계는 뚜렷하지 못하다. 자낭각은 머리에 조밀하게 분포하고, 그 크기는 530~550μm×290~300μm이며, 자낭은 400~450μm×1~1.5μm이다. 자낭포자는 실 모양이나, 2차 포자로 분열한 후 바로 둥근 2차 포자를 형성한다.

9. 16. 춘천시 오봉산. 자연 상태의 동충하초

95. 9. 16. 춘천시 오봉산

95. 9. 16. 춘천시 오봉산

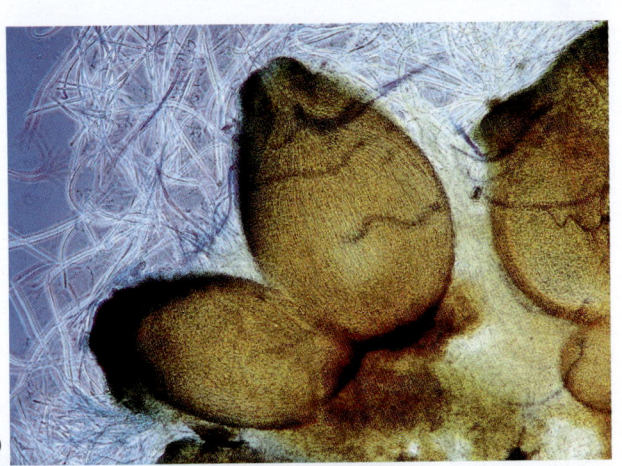

자낭각(100배)

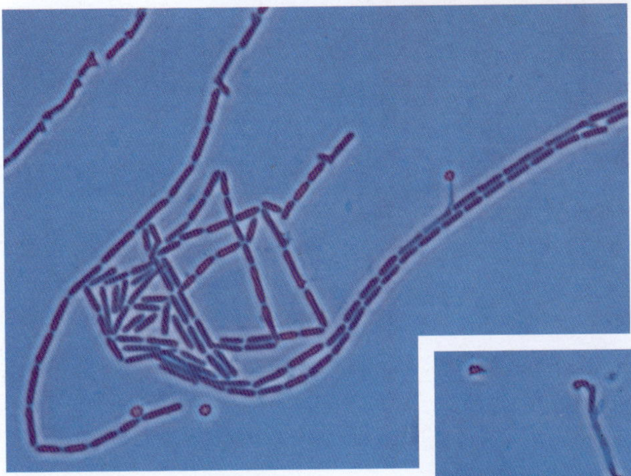

자낭포자(400배)

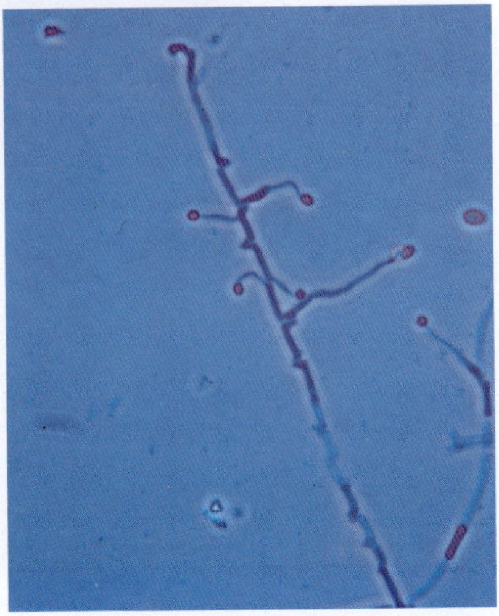

자낭포자에 형성된 분생포자(400배)

43. 번데기짧은다발동충하초 (*Cordyceps takaomontana* Yakushi-ji et Kumazawa)

땅 속에 있는 죽은 번데기에서 발견되며, 기주의 머리와 가슴에서 여러 개의 자좌를 형성한다. 자좌는 곤봉형이며, 자좌 끝에 머리가 있으나, 자루와 경계가 명확하지 않다. 자낭각은 반 묻힌형이고, 기주에 형성된 불완전 세대의 포자형은 눈꽃동충하초속(*Paecilomyces*)이다.

90. 9. 14. 강원대 춘천 연습림

44. 거품벌레동충하초 (*Cordyceps tricentri* Yasuda)

낙엽 밑에 있는 죽은 거품벌레의 성충에서 발견되며, 머리와 가슴에서 1~2개의 자좌를 형성한다. 엷은 황색을 띠는 자좌는 타원형 또는 방추형의 머리와 자루로 이루어지며, 자루의 크기는 30~70mm×1~1.5mm이고, 머리는 2~7mm×1.5~2mm이다. 머리에는 자낭각이 비스듬히 묻혀 있으며, 크기는 1200~1500μm×50~60μm이다. 실 모양의 자낭포자는 크기 8~10μm×1.5μm인 방추형의 2차 포자로 분열한다.

92. 7. 23. 오대산

오대산에서 채집한 거품벌레동충하초

92. 7. 23. 오대산

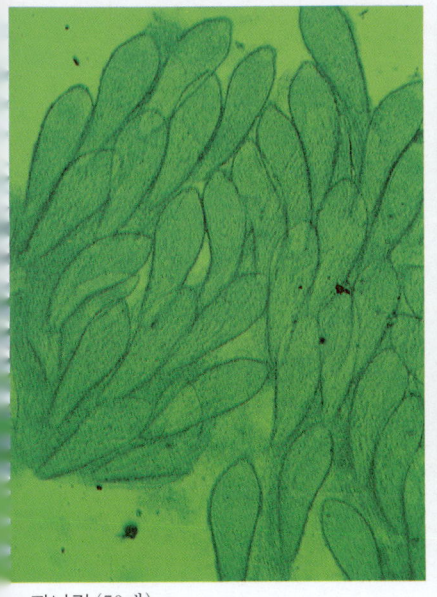

97. 7. 23. 오대산

자낭각(50배)  자낭포자(100배)

45. 번데기흰고무동충하초 (*Cordyceps* sp.)

 낙엽 밑에 있는 죽은 큰번데기에서 발견되며, 3~4개의 자좌를 형성한다. 기주의 크기는 53mm×15mm이고, 흰색을 띠는 자좌의 크기는 48mm×4mm이다. 곤봉형의 자좌는 진한 회색을 띠는 20mm×4mm 크기의 머리와 28mm×2mm인 자루로 명확하게 나누어진다. 머리에 묻힌 자낭각은 달걀 모양으로 조밀하게 분포하며, 크기는 750~800μm×450~500μm이다. 자낭은 1렬로 배열되며, 실 모양의 자낭포자는 분열하지 않고 바로 둥근 분생포자를 형성한다.

93. 7. 9. 양평 용문산

95. 8. 22. 양평 용문산

94. 7. 9. 양평 용문산

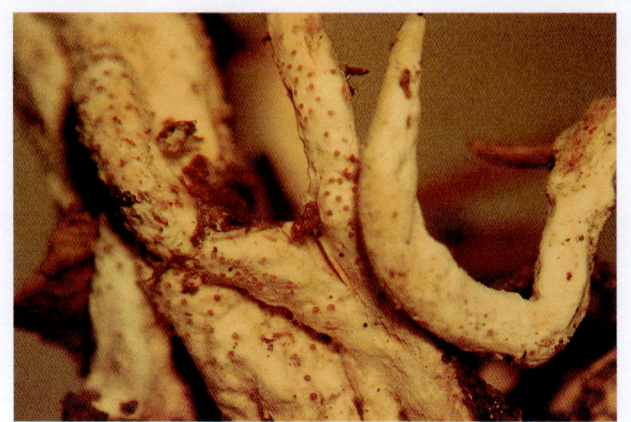

확대한 머리의 자낭각

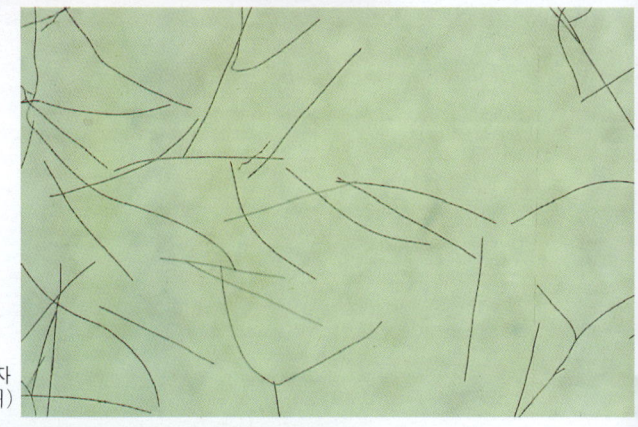

실 모양의 자낭포자 (100배)

물 배지 위에서 발아하여 분생포자 형성 (200배)

46. 번데기곤봉형동충하초 (*Cordyceps* sp.)

땅 속에 있는 죽은 번데기에서 발견되며, 머리와 가슴의 마디에서 여러 개의 자좌를 형성한다. 자좌는 곤봉형이며, 꼭대기에 머리가 있다. 자낭각은 반 묻힌형이고, 머리와 자루가 명확히 구분되며, 기주 위에 함께 형성된 불완전 세대의 포자형은 눈꽃동충하초속(*Paecilomyces*)이다.

93. 8. 14. 치악산

47. 번데기곤봉형녹색동충하초 (*Cordyceps* sp.)

  땅 속에서 죽은 번데기에서 발견되며, 머리와 가슴에서 여러 개의 자좌를 형성한다. 자좌는 곤봉형이며, 꼭대기에 엷은 녹색의 머리가 있다. 자낭각은 반 묻힌형이고, 머리와 자루의 구분이 명확하다.

90. 8. 14. 양양 갈천

48. 유충노랑동충하초 (*Cordyceps* sp.)

 땅 속에 있는 죽은 유충에서 발견되며, 유충 전체의 마디에서 여러 개의 자좌를 형성한다. 자좌는 둥근형이며, 꼭대기에 노란색의 머리가 있다. 자낭각은 돌출형이고, 머리와 자루의 구분이 명확하다.

90. 9. 14. 양양 갈천

49. 청가시열매동충하초(*Shimizuomyces paradoxa* Kobayasi)

청가시덩굴(*Smilax sieboldii*)의 종자에 기생하여 1~4개의 자좌를 형성한다. 종자의 표면은 백색의 균사막으로 덮여 있고, 자좌는 곤봉형으로 연회색을 띠고, 자낭각은 묻혀 있으며, 조밀하게 분포한다. 27mm×2~5mm 크기의 머리와 52mm×10mm 크기의 자루로 이루어진다. 서양배 모양의 자낭각은 크기가 350~370μm×160~200μm로, 4~8개의 자낭포자가 결합해 있으며, 자낭포자는 60~70μm의 긴 방추형으로, 중앙 세포는 다소 부풀어 있으며, 외벽과 내벽으로 이루어져 있다. 자낭포자는 2차 포자로 발아하지 않는다.

95. 8. 10. 춘천시 오봉산

94. 7. 18. 춘천시 오봉산

94. 7. 18. 춘천시 오봉산

94. 7. 24. 춘천시 오봉산

춘천시 오봉산에 자생하는 청가시열매동충하초

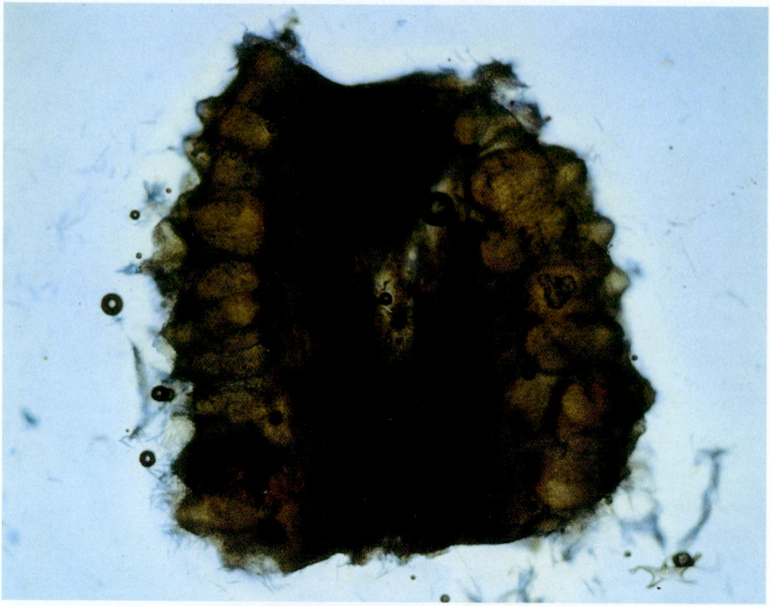

자낭각(50배)

자낭포자(200배)

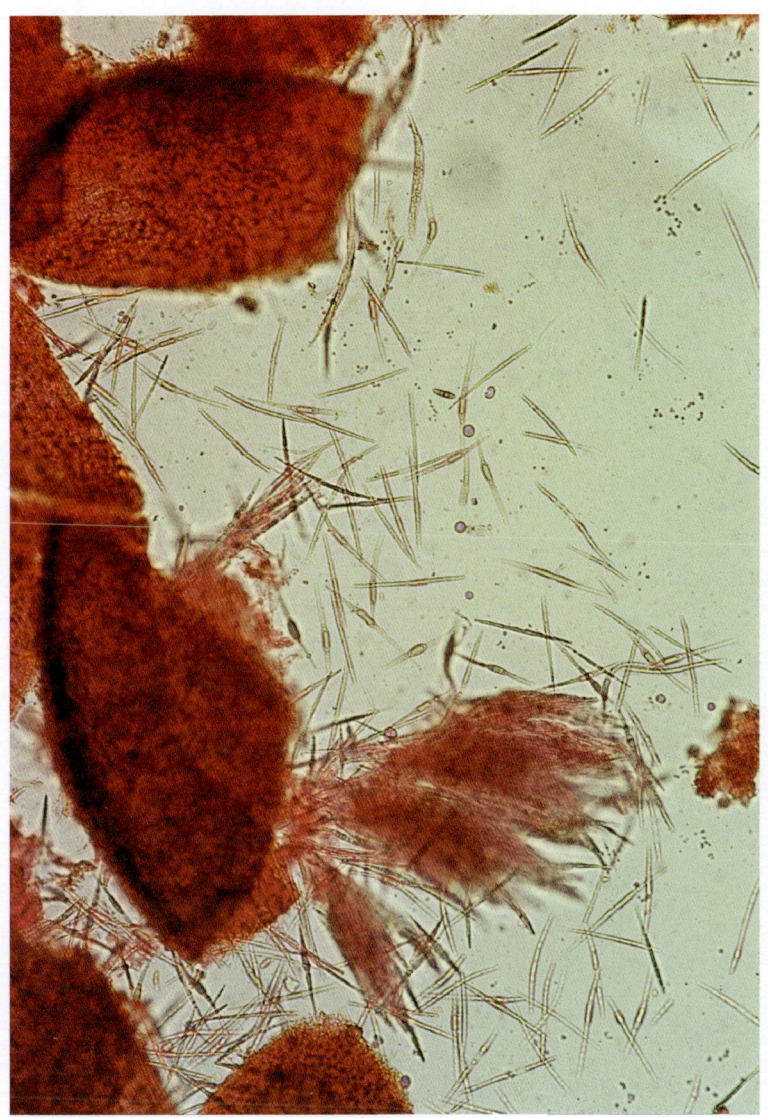

자낭포자(100배)

50. 거미동충하초 (*Torrubiella* sp.)

거미 성충의 표면에 다수의 돌기 모양의 자좌를 형성하는데, 자좌는 황백색 또는 흰색으로, 주로 잎 뒷면에 붙어 있는 거미 위에 형성되므로 잘 발견되지 않는다.

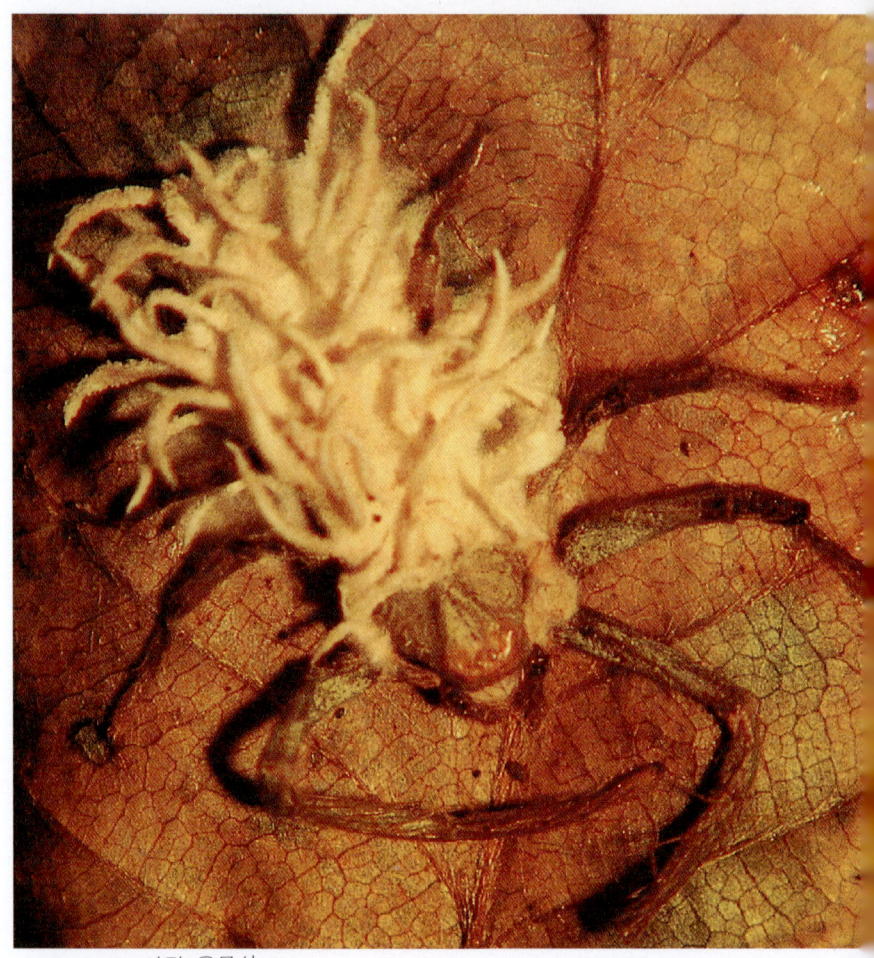

93. 7. 9. 양평 용문산

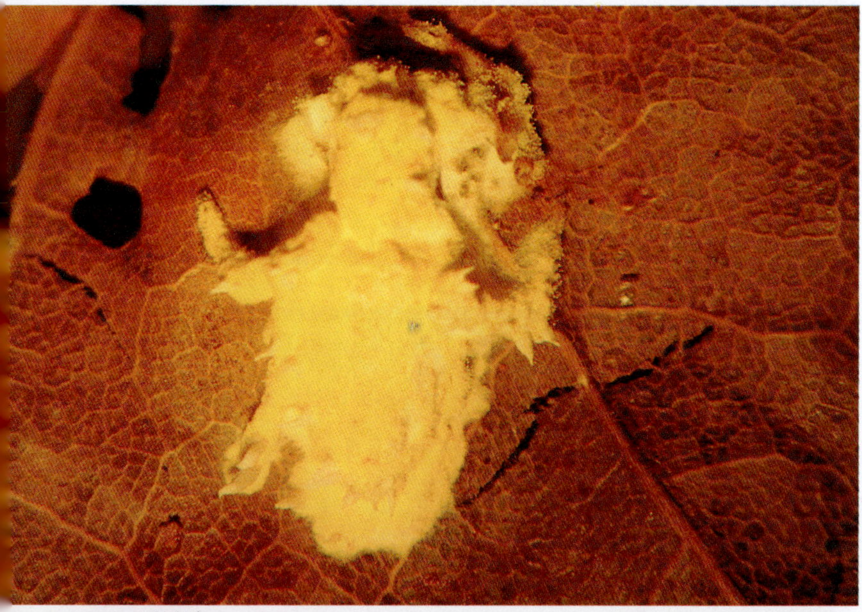

93. 8. 14. 치악산

93. 6. 25. 강원대 홍천 연습림

51. 나방흰가시동충하초(*Akanthomyces aculeatus* Lebert)

나방을 기주로 하여 몸 위에 실 모양의 분생자병속을 다발로 형성한다. 분생자병속의 크기는 10~35mm×1mm 가량으로 흰색을 띤다.

90. 7. 19. 양산 내원사

92. 9. 12. 강원대 춘천 연습림

52. 백강균 (*Beauveria bassiana* Vuillemin)

하늘소 등 여러 종류의 곤충을 기주로 하고, 기주의 표면에 흰색의 분생포자를 형성한다. 분생포자는 균사에서 분생자경을 형성한 다음, 그 위에 둥근 플라스크 모양의 작은 자루를 형성한다. 작은 자루에서 여러 개의 마디가 생기고, 그 마디의 끝부분에 각각 1개씩의 분생포자가 붙는데, 지그재그 모양으로 발달하는 것이 백강균의 특징이다. 거의 모든 곤충군의 전 생육 단계에 걸쳐 침입하며, 곤충의 몸은 흰색의 가루 같은 분생포자에 의하여 뒤덮인다.

94. 7. 25. 가평 명지산

94. 7. 27. 강원대 춘천 연습림

94. 7. 14. 치악산

95. 9. 15. 강원대 구내

94. 8. 4. 치악산 상원사

94. 7. 27. 강원대 춘천 연습림

94. 7. 27. 강원대 춘천 연습림

90. 9. 30. 강원대 춘천 연습림

백강균의 분생포자(200배)

53. 거미밤꽃균 (*Gibellula* sp.)

활엽수의 뒷면에 있는 죽은 거미에서 발견되며, 거미의 표면을 담황색의 균사체가 덮고 있다. 전면에 형성되는 분생자경은 미세한 곤봉형이고, 그 끝에 담황색의 가루 모양의 연쇄상 분생포자를 형성하는데, 이것은 바람에 잘 날리는 포자이다.

92. 7. 15. 치악산

93. 8. 14. 치악산

확대한 거미밤꽃균

54. 바늘다발동충하초 (*Hirsutella* sp.)

 분생자병속은 1개 또는 다발로 형성되며, 곧고 원통형으로, 차츰 가늘어진다. 짧은 사마귀 모양에서 긴 머리털 모양까지 다양하다. 분생포자 형성 세포들은 작은 자루를 형성하기도 하며, 분생자병속을 따라 1개 혹은 조밀하게 기주 표면의 균사에서 직접 생산되기도 한다. 어떤 경우나 다소 부풀어 있는 기부와 가늘어진 목 부위를 가지는 것이 특징이다. 분생포자는 1개 또는 2개의 세포로 이루어져 있으며, 투명하고 형태가 다양하다. 때로는 후막포자를 형성하기도 한다.

배지 위에 형성된 분생자병속

확대한 분생자병속(4배)

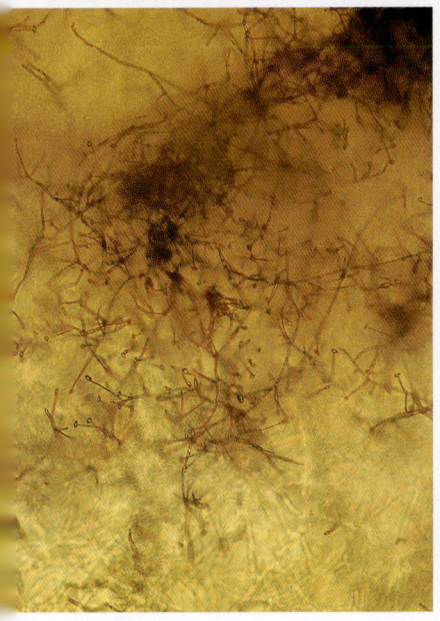

분생자병속

물 배지 위에 형성된 분생포자

55. 송충이잔가지동충하초(*Hirsutella citriformis* Spease)

땅 위에 있는, 크기가 50mm×8mm인 유충에서 발견되며, 75~18mm×0.8~2mm 크기의 흰색을 띠는 실 모양의 분생자병속을 다수 형성한다. 굵은 분생자병속에서는 작은 분생자병속들이 많이 형성된다. 또, 크기가 20mm×8mm인 번데기를 기주로 하여 90~100mm×1mm 크기의 담황색을 띠는 실 모양의 5개의 분생자병속을 형성한 것도 있다.

94. 7. 6. 강원대 홍천 연습림

56. 송충이국수다발동충하초 (*Hirsutella clavispora* Spease)

나비목의 유충을 기주로 하여 유충의 마디에서 다발로 분생자병속을 형성하며, 분생자병속의 길이는 21~32mm×1mm로 흰색을 띤다.

94. 8. 3. 춘천시 오봉산

57. 유충잔뿌리동충하초(*Hirsutella entomophila* Pat.)

낙엽 밑이나 나뭇가지에 있는, 크기가 8mm×1mm인 유충에서 발견되며, 11~36mm×0.8~1mm 크기의 흰색을 띠는 실 모양의 분생자병속을 다수 형성한다. 굵은 분생자병속에서는 작은 분생자병속들이 많이 형성된다.

95. 6. 30. 월악산

94. 7. 6. 강원대 홍천 연습림

58. 유충검은동충하초덧붙이 (*Hirsutella nigrella* Kobayasi)

밤나방과 유충에 형성된 유충검은동충하초(*C. nigrella*)의 분생자병속에 중복 기생한 것으로, 장마철이 끝날 무렵에 발견된다. 분생자병속의 머리가 하얀 균사로 덮이면서 돌기들이 형성되고, 각각의 돌기들은 곤봉형으로 발달하는데, 그 크기는 2~2.5mm×1mm이다.

92. 9. 6. 춘천 청평사

59. 노린재동충하초덧붙이 (*Hirsutella nutans* Kobayasi)

 노린재동충하초(*C. nutans*)의 오래 된 분생자병속이 다른 2차균에 의하여 감염, 형성된다. 분생자병속의 머리가 하얀 균사로 덮이면서 하얀 돌기들이 형성되고, 각각의 돌기들은 곤봉형으로 발달하는데, 크기는 2~3mm×1mm이다.

94. 8. 31. 강원대 홍천 연습림

90. 8. 14. 양양 갈천

확대한 분생자병속(4배)

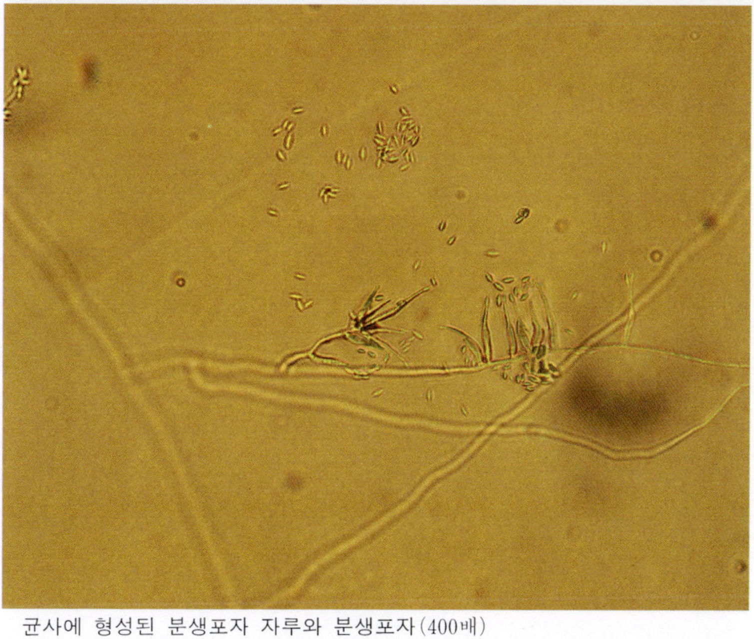

균사에 형성된 분생포자 자루와 분생포자(400배)

60. 번데기바늘동충하초 (*Hirsutella* sp.)

땅 위에 있는 죽은 번데기에서 발견되는데, 크기 60mm×10mm인 번데기를 기주로 하여 크기 21~32mm×1~1.5mm의 흰색을 띠는 실 모양의 분생자병속을 다수 형성한다.

94. 7. 6. 강원대 홍천 연습림

61. 잠자리동충하초(*Hymenostilbe odonatae* Kobayasi)

나뭇가지 등을 잠자리가 다리로 감싸 부착된 형태로 발견되기도 하고, 낙엽 위에서도 드물게 발견된다. 성충의 가슴 및 배 마디에서 불규칙한 곤봉형의 분생자병속을 다수 발생시킨다. 분생자병속 위에 다수의 분생포자를 형성한다. 분생자병속은 꼭대기로 갈수록 다소 부풀어 있는 형태이며, 크기는 4~7mm×1~1.5mm로, 담황색에서 옅은 주황색을 띤다.

90. 9. 14. 강원대 춘천 연습림

93. 6. 25. 강원대 춘천 연습림

90. 8. 24. 강원대 춘천 연습림

62. 녹강균(*Metarhizium anisopliae* (Met.) Sorokin)

다양한 종류의 곤충들을 기주로 하며, 녹강균에 의하여 감염된 곤충은 처음에는 곤충의 몸 전체가 흰색을 띠는 포자와 균사로 뒤덮인 후 균사와 포자가 발달하면서 초록색을 띠게 된다. 분생포자는 긴 타원형으로, 플라스크 모양의 분생자 자루 위에 연쇄상으로 존재한다.

94. 8. 6. 구룡령에서 채집한 대벌레

94. 7. 30. 오대산

94. 8. 3. 춘천시 오봉산

94. 7. 27. 강원대 춘천 연습림

94. 7. 27. 강원대 춘천 연습림

63. 번데기곤봉형눈꽃동충하초 (*Paecilomyces farinosa* (Holm.) Fr.)

나비목의 유충 또는 번데기를 기주로 하여 2~8개의 분생자병속을 형성하며, 분생자병속은 자루와 타원형의 머리로 이루어져 있다. 머리는 쉽게 날아서 흩어지는 흰색의 분생포자로 덮여 있다.

94. 9. 23. 설악산

95. 8. 12. 양평 용문산

64. 눈꽃동충하초 (*Paecilomyces japonicus* Yasuda)

거의 모든 곤충의 유충, 성충, 번데기를 침입하여 다발의 분생자병속을 형성하는 대표적인 불완전 세대형의 동충하초이다. 분생자병속은 크기 30~75mm로, 등황색의 자루와 나뭇가지 모양의 머리로 이루어진다. 머리에는 밀가루 같은 흰색의 분생포자 덩어리들로 덮여 있어, 분생포자는 자극에 의하여 쉽게 날아서 흩어진다.

92. 7. 15. 치악산

90. 9. 28. 강원대 춘천 연습림

95. 8. 17. 춘천시 오봉산

— 205 —

95. 8. 17. 춘천시 오봉산

95. 8. 12. 양평 용문산

95. 8. 17. 춘천시 오봉산

91. 9. 28. 강원대 춘천 연습림

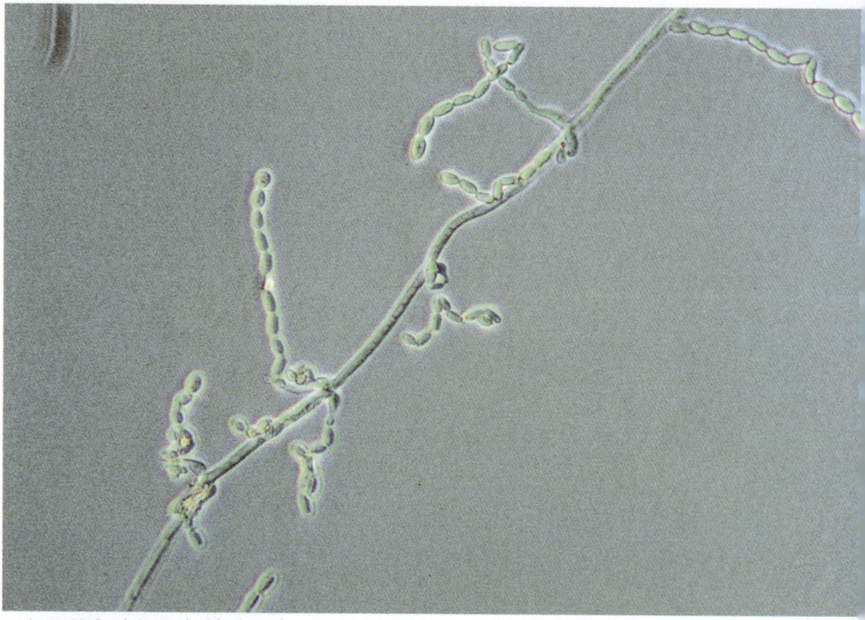

눈꽃동충하초균의 분생포자

90. 8. 14. 양양 갈천

90. 8. 30. 춘천시 오봉산

65. 매미눈꽃동충하초 (*Paecilomyces sinclairii* Lloyd.)

매미의 유충을 기주로 하여 입, 머리, 가슴에서 뿌리 모양으로 갈라진 분생자병속을 형성한다. 분생자병속은 10~40mm이며, 흰색 또는 담황색을 띠고, 분생자병속의 끝에는 흰색 가루의 분생포자들이 흩어져 있어, 바람이나 자극에 의하여 포자가 날아서 흩어진다.

90. 9. 14. 강원대 춘천 연습림

95. 6. 26. 중국 구이저우(貴卅)

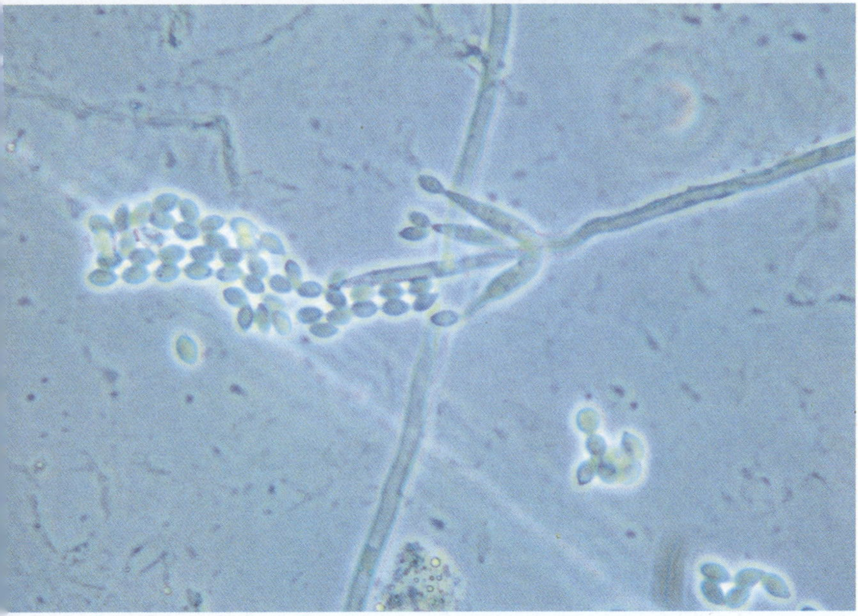

분생포자(400배)

66. 번데기주격눈꽃동충하초 (*Paecilomyces* sp.)

나뭇잎에 싸여 있는 번데기로부터 주걱 모양으로 뭉쳐 있는 분생자병속을 형성하며, 분생자병속은 엷은 노란색 자루 위에 흰 가루와 같은 분생포자를 다수 형성한다.

95. 8. 15. 춘천시 오봉산

67. 번데기검은털박이동충하초 (*Paecilomyces* sp.)

크기 32mm×15mm인 번데기에서 회색을 띤 흰색의 분생자병속을 여러 개 형성한다. 분생자병속의 크기는 25mm×13mm이며, 뭉쳐서 나와 머리와 자루를 구별할 수 없다. 머리 표면에는 가늘고 검은 강모가 있는 것이 특징이다.

94. 7. 14. 치악산

68. 잎벌레주홍자루동충하초 (*Paecilomyces* sp.)

잎벌레의 성충을 기주로 하여 분생자병속을 형성한다. 분생자병속의 크기는 5~10mm이며, 붉은 주황색을 띤 불규칙한 자루 위에 분생포자를 다수 형성한다.

90. 8. 14. 치악산

95. 8. 12. 양평 용문산

69. 유충회색눈꽃동충하초(*Paecilomyces* sp.)

털이 난 유충을 기주로 하여 분생자병속을 형성한다. 분생자병속은 갈색을 띤 오렌지색의 불규칙한 자루 위에 가루와 같은 분생포자를 다수 형성한다.

94. 8. 14. 치악산

95. 8. 17. 춘천시 오봉산

70. 나방눈꽃동충하초 (*Paecilomyces* sp.)

나방을 기주로 하여 분생자병속을 형성하며, 분생자병속은 흰색을 띤 불규칙한 자루 위에 가루와 같은 분생포자를 다수 형성한다.

94. 7. 14. 치악산

71. 번데기봉형동충하초 (*Paecilomyces* sp.)

주로 낙엽 밑에 있는 번데기에서 곤봉형의 분생자병속을 많이 발생시키는데, 이 속은 불완전 세대의 속으로서, 분생자병속 꼭대기에 많은 분생포자를 형성한다. 분생자병속은 꼭대기로 갈수록 다소 부풀어 있으며, 담황색에서 옅은 주황색을 띤다.

94. 7. 6. 강원대 홍천 연습림

72. 유충봉오리동충하초(*Polycephalomyces ramosus* Kobayasi)

크기 45mm×9mm인 유충을 기주로 하여 분생자병속을 형성한다. 분생자병속은 크기 0.9~0.8mm인 갈색의 머리와 흰색의 불규칙한 자루로 이루어져 있다. 분생포자는 연쇄상으로 형성된다.

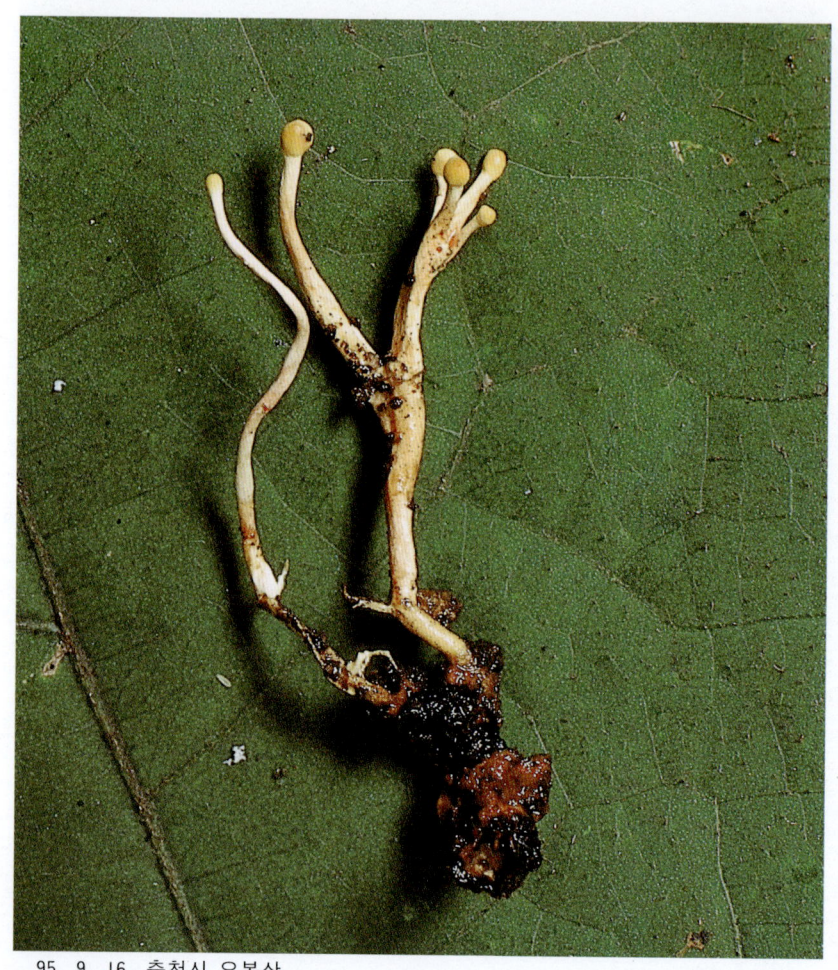

95. 9. 16. 춘천시 오봉산

95. 9. 16. 춘천시 오봉산

95. 8. 17. 춘천시 오봉산

73. 딱정벌레동충하초 (*Tilachlidiopsis nigra* Yakusiji et Kumazawa)

홍단딱정벌레(*Damasier smaragdinus*)의 성충을 기주로 하여 가슴 또는 배 마디에서 검은색의 딱딱하고 질긴 분생자병속을 다발로 형성한다. 분생자병속은 흑색 바늘 모양의 딱딱한 자루와 흰색의 곤봉형 머리로 이루어지며, 높이는 20~40mm이다. 분생포자는 흰색 곤봉형 꼭대기의 주위에 많이 발생한다.

95. 7. 25. 강원대 춘천 연습림

94. 6. 11. 한라산

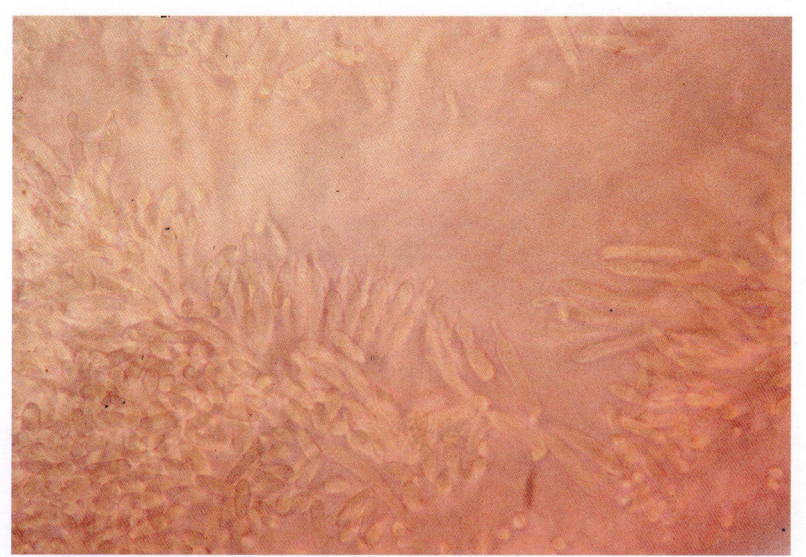
분생포자 자루와 분생포자(400배)

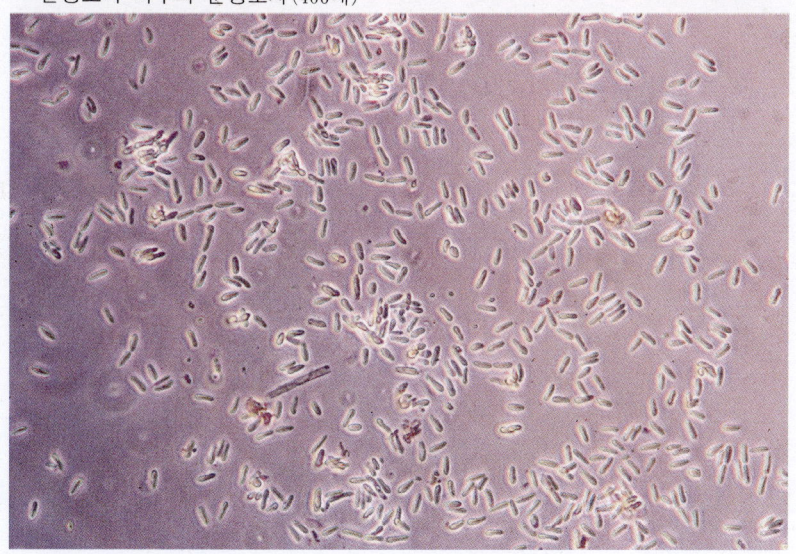
분생포자(100배)

74. 윤생곁가지포자균 (*Verticillium lecanii* (Zimm.) Viegas

분생자 자루는 직립하거나 또는 영양균사(vegetative hyphae)로부터 분화되지 않으며 대개는 윤생하는데, 송곳 모양의 작은 자루를 형성한다. 작은 자루는 기부가 다소 두꺼워진 형태이며, 작은 자루 위에 형성된 분생포자는 단세포이고 투명하며, 부드러운 벽을 가지고 있다. 분생포자는 때로 연쇄상으로 형성되기도 한다. 이 사진은 나무 속에 있는 유충에 감염된 것으로, 유충의 표면 전반부가 균사로 뒤덮인 후 나무 표면으로도 균사가 뻗어 나가고 있는 모습이다.

94. 8. 31. 강원대 춘천 연습림

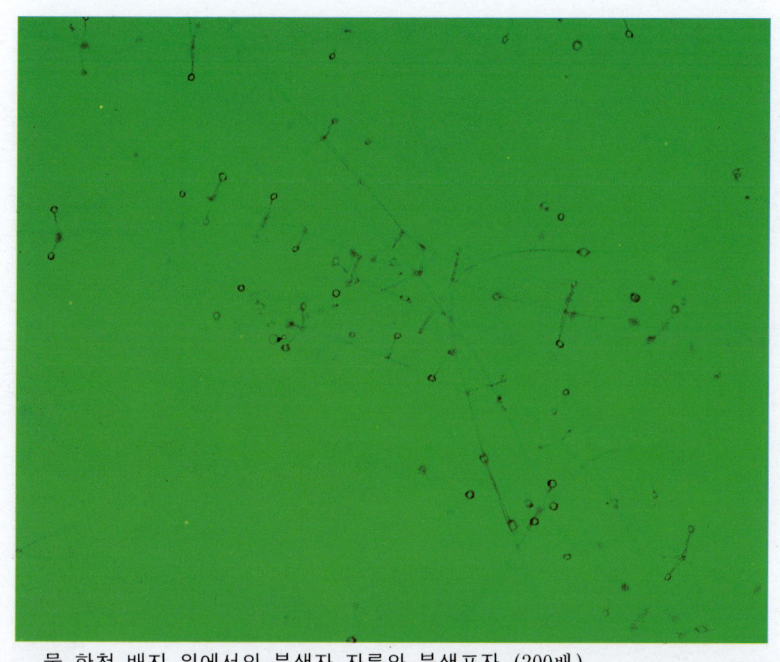
물 한천 배지 위에서의 분생자 자루와 분생포자 (200배)

75. 투명부후균(*Erynia* sp. (*Zoophthora* sp.))

접합균강(Zygomycetes)의 파리곰팡이목(Entomophthorales)에 속하는 균으로, 투명부후균이 유충에 침입한 모습이다. 포자 자루는 대개 분지하며, 1차 포자는 다소 길어진 형태의 달걀 모양으로, 돌기 모양의 꼭대기가 터짐으로써 내부에 있는 2차 포자들이 방출하게 된다.

94. 9. 22. 강원대 구내

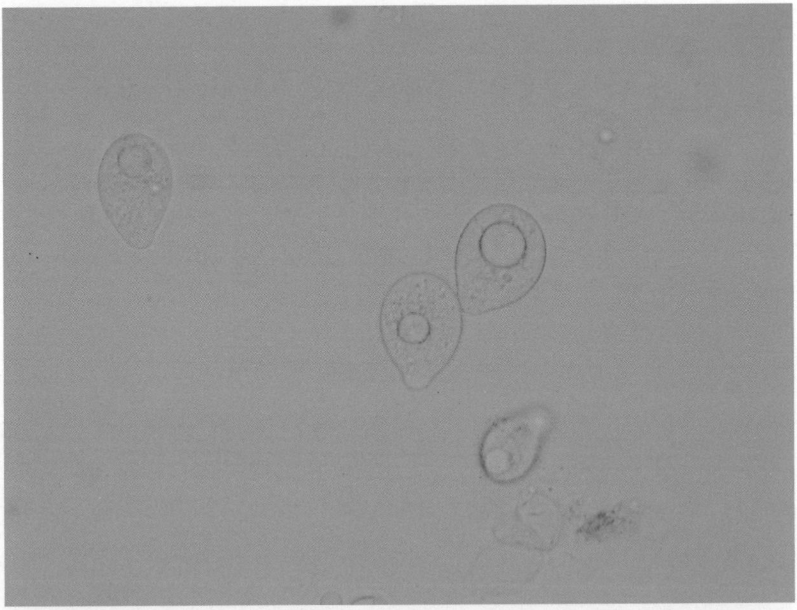

1차 포자(200배)

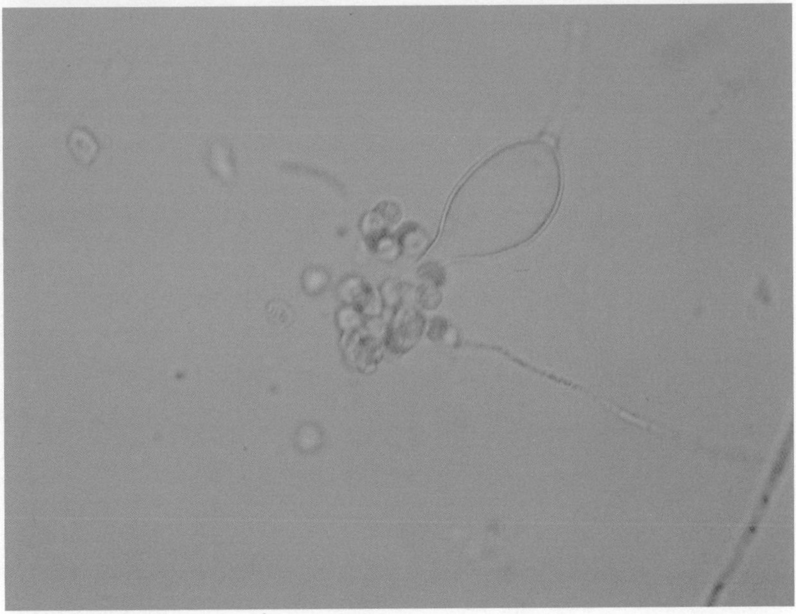

1차 포자에서 2차 포자 방출 (400배)

76. 부푼머리굽은균 (*Conidiobolus thromboides* Drechsler)

포자 자루는 대개 갈라지지 않으며, 1차 포자는 달걀 모양 또는 서양 배처럼 둥근 형태에 돌기가 있는 것이 특징으로 다핵성(multinucleous) 이다. 포자 자루에는 각각 1개씩의 1차 포자가 착생하며, 1차 포자의 돌기 부분이 터지면서 내부의 2차 포자들이 방출된다. 2차 포자는 1차 포자와 비슷한 구형이다.

유충에 감염된 부푼머리굽은균

진딧물 다리에 형성된 포자

확대한 진딧물 다리에 형성된 균사와 포자

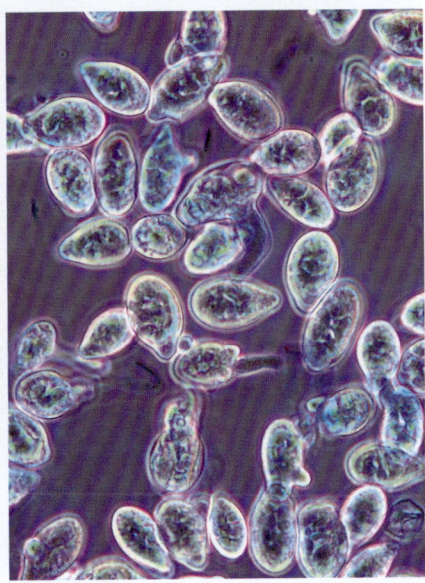

포자(400배)

Ⅲ. 동충하초균의 분류

동충하초는 균이 곤충을 침입하여 곤충을 죽게 한 다음, 기주(寄主)로부터 자좌(子座)를 형성하는 버섯을 말한다. 그러나 균이 곤충을 침입하여 곤충을 죽게 할지라도, 자좌를 형성하지 않고 기주의 표면에 무성생식(無性生殖) 기관인 분생포자(分生胞子)를 형성하는 종류도 있다. 곤충을 침입하는 대개의 곰팡이균은 자좌를 형성하지 않으며, 분생포자를 생산하는 것들이 대부분인데, 이들의 분류는 분생포자의 형태, 즉 분생포자가 분생자 자루 또는 작은 자루〔小柄〕에 접착된 형태에 따라 분류한다. 자좌를 형성하는 동충하초의 대부분은 자낭균강(子囊菌綱, Ascomycetes) 맥각균목(麥角菌目, Clavicipitales) 맥각균과(麥角菌科, Clavicipitaceae)에 속하는 코디셉스속(冬蟲夏草屬, Cordyceps), 포도넥트리아속(Podonectria), 토루비엘라속(Torrubiella) 등이 있는데, 대표적인 속은 코디셉스속(Cordyceps)이다. 공통적으로 자좌는 머리와 자루로 구성되어 있다. 머리 표면에는 알맹이 모양의 자낭각을 형성하고, 자낭각 내에는 주머니 모양의 자낭이 일렬로 배열되어 있다. 자낭 내에는 실 모양의 자낭포자를 형성한다. 자낭포자가 성숙하면 선단의 구멍이 열려 공중에 포자를 비산(飛散)함으로써 곤충의 몸에 접착하게 된

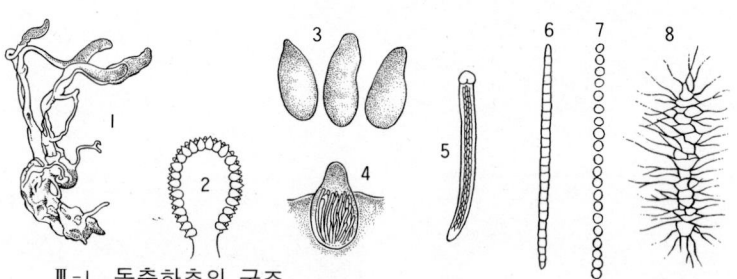

Ⅲ-1. 동충하초의 구조
1. 유충에 형성된 자좌 2. 반 묻힌형 자낭각 3. 자낭각 4. 자낭각의 내부 5. 자낭 6. 자낭포자 7. 원형의 2차 포자 8. 자낭포자의 발아

다. 동충하초는 자좌, 자낭각, 자낭, 자낭포자로 구성되어 있다(그림 Ⅲ-1).
　동충하초균의 분류는 기주 이외에 자좌의 모양, 즉 머리의 모양, 머리가 자루에 접착한 형태, 자낭각, 자낭과 자낭포자의 모양, 자낭포자가 2차 포자로 분열하는지 등이 주요한 분류 기준이 되고 있다.

1. 분류학적 특징

(1) 자좌(자실체)

　동충하초균이 형성하는 자좌는 자낭각이 분포하는 머리(fertile part)와 이를 지탱해 주는 자루(stipe)로 구성되어 있으며, 어떤 종은 부속사를 형성하는 것도 있다(그림 Ⅲ-2).
　자좌의 모양은 구형, 곤봉형, 면봉형, 주발형, 피침형, 작은 돌기형, 산호형, 긴 타원형, 고개 숙인형, 눈꽃형, 국수형 등으로 분류되고(그림 Ⅲ-3), 머리에 자낭각 또는 분생포자가 형성된다.

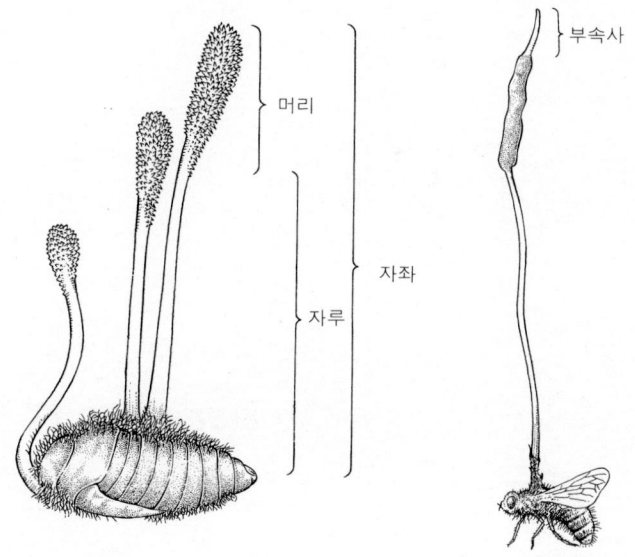

Ⅲ-2. 자좌
　1. 자루와 머리로 구성된 자좌　2. 머리 위에 부속사가 있는 자좌

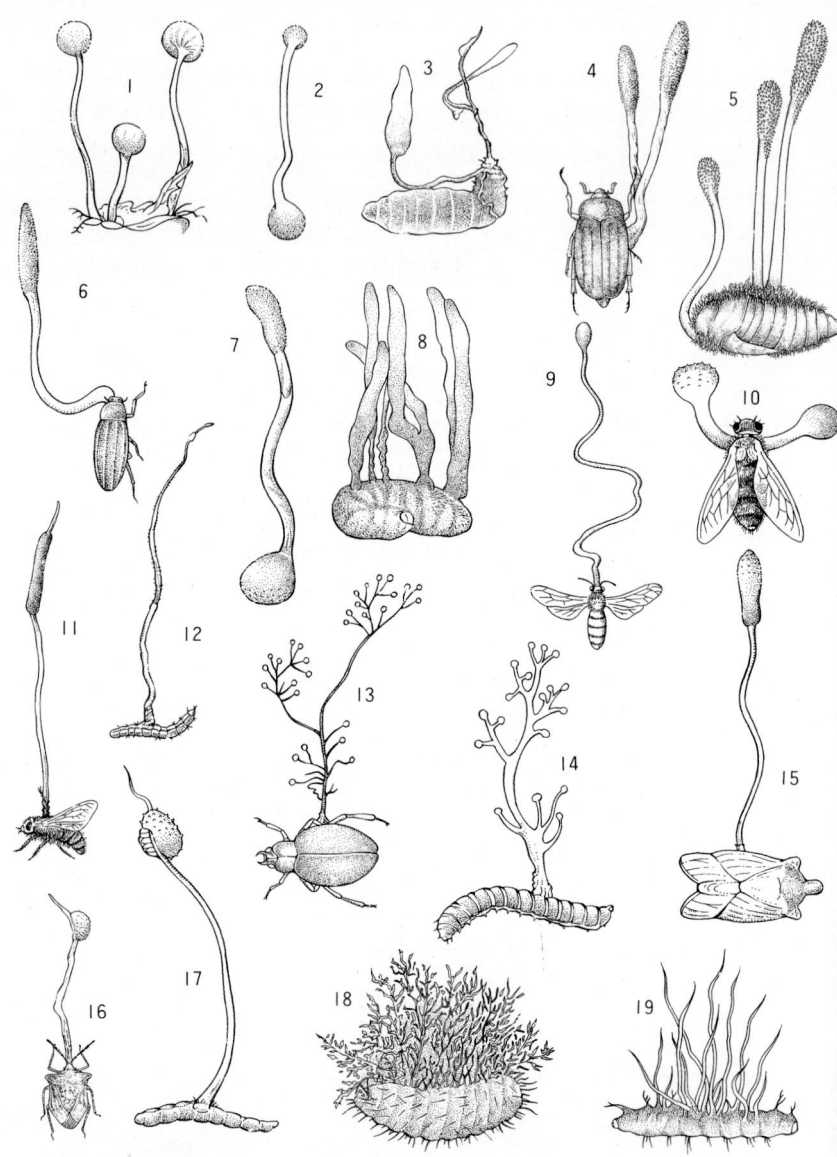

Ⅲ-3. 자좌의 다양한 모습
1, 2. 구형 3, 4, 5, 6, 7, 8. 곤봉형 9. 면봉형 10. 주발형 11. 피침형
12. 작은 돌기형 13, 14. 산호형 15. 긴 타원형 16, 17. 고개 숙인형
18. 눈꽃형 19. 국수형

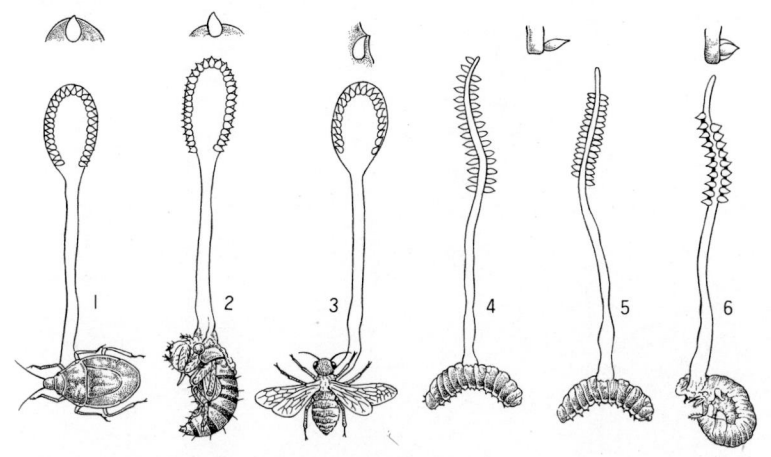

Ⅲ-4. 자좌에 부착된 머리의 형태
1. 묻힌형 2. 반 묻힌형 3. 비스듬히 묻힌형 4, 5. 돌출형 6. 착의형

자좌의 색채는 붉은색, 노란색, 자주색, 초록색, 검은색, 흰색, 주황색, 올리브색 등으로 다양하며, 조직은 공통적으로 탄력이 있고, 육질이나 다소 연한 육질, 강한 섬유 육질, 유연한 연골질 등으로 되어 있다. 공통적으로 버섯 특유의 냄새가 나지 않는 것이 특징이다. 머리에 자낭각(perithecium)이 분포한 형태에 따라서도 묻힌형, 반 묻힌형, 비스듬히 묻힌형, 돌출형, 착의형 등으로 분류되며(그림Ⅲ-4), 자루와 연결된 머리의 위치에 따라서 정생(頂生), 중간생, 측생(側生)의 세 가지 형태로 나누어진다(그림 Ⅲ-5).

이와 같이, 동충하초는 여러 가지 특징적인 형태를 가지고 있다. 예를 들어, 중간형의 머리를 가지고 있는 종들 중에는 부속사를 가지고 있는 종류도 있다. 묻힌형의 자낭각을 가지고 있는 종들에서 자루의 조직과 부속사의 존재 유무가 종을 동정(同定)하는 근거가 되는 반면, 돌출형의 자낭각을 가지고 있는 종들은 자낭각이 머리의 전반부를 덮고 있지 않고 많은 부분들을 그대로 남겨 놓기 때문에 부속사는 큰 의미가 없다. 주어진 종의 부속사가 매우 길고 자루와 모양이 같으면 중간생으로 분류하는 것이 적합하며, 측생형의 머리는 보통 부풀어 있는 자낭판을 가지고 있다. 어떤 경우는 하나의 자좌에 측면 또는 맨 꼭대기에

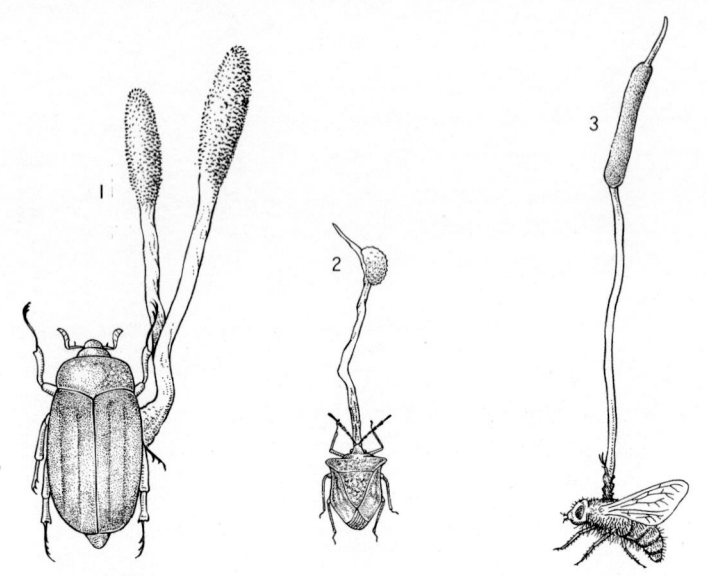

Ⅲ-5. 머리의 위치   1. 정생 2. 측생 3. 중간생

2~3개의 자낭판을 형성하는데, 돌출형의 자낭각을 가진 동충하초는 머리의 위치가 분류상에서 의미를 가지지 못한다. 반면, 묻힌형의 머리를 가진 동충하초는 측생, 정생, 중간생으로 나누어 아절을 구분하는 특징이 된다.

(2) 자낭각과 자낭포자

동충하초는 기주 내부에 형성된 균핵에서 자좌를 외부로 내어 형성된 버섯으로, 머리, 자낭각, 자낭, 자낭포자로 구성된다. 그 중 자낭과 자낭포자는 동충하초의 종을 분류하는 데 아주 중요하므로 성숙한 자낭과 자낭포자의 관찰이 필요하며, 미숙한 자좌를 그대로 표본으로 고정시켜 버리면 자낭 포자를 관찰할 수 없기 때문에 신종이라도 분류가 어렵다. 그러므로 미숙한 상태에서 채집된 표본은 그대로 실험실에서 자좌의 머리에 포자가 성숙할 때까지 인공적으로 배양하여 관찰하는 것이 필요하다.

자낭은 정단(頂端) 고리가 중요한 분류의 기준이 되는데(그림 Ⅲ-6),

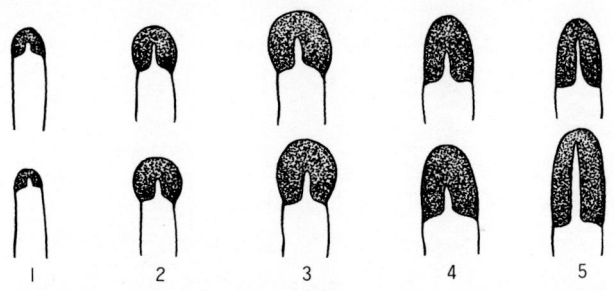

Ⅲ-6. 동충하초균의 자낭 머리
  1. 번데기동충하초 2. 균핵동충하초 3. 유충긴목구형동충하초
  4. 벌가시동충하초 5. 벌동충하초

성숙한 자낭은 보통 평행 또는 다소 비틀려 배열된 여덟 개의 긴 자낭포자를 가지고 있다. 자낭포자는 가느다란 방추형의 실 모양으로 뚜렷한 격막을 가지고 있으며, 다음의 네 가지 형태로 분류된다.

1. 오피오코디셉스형(Ophiocordyceps) : 자낭포자의 격막이 분열하여 2차 포자가 되지 않는 형
2. 유코디셉스형(Eucordyceps) : 자낭포자의 격막이 분열되어 단형, 직사각형, 또는 각이 진 타원형의 2차 포자가 되는 형
3. 유코디셉스형의 변형형 : 격막이 분열된 후 형성된 2차 포자의 각이 없어져 타원형이나 구형이 되는 형
4. 네오코디셉스형 : 자낭포자의 격막이 분열하여 방추형의 2차 포자가 형성되는 형(그림 Ⅲ-7)

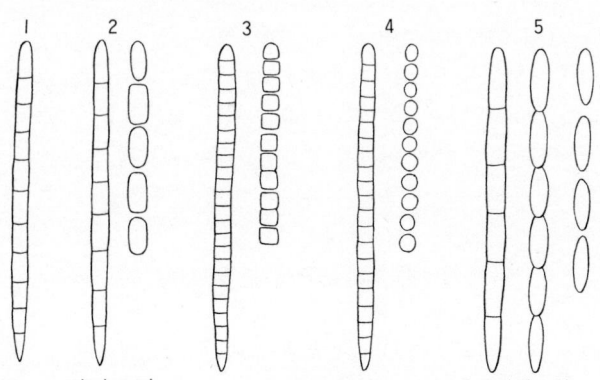

Ⅲ-7. 자낭포자   1. 오피오코디셉스형   2, 3. 유코디셉스형
  4. 유코디셉스형의 변형형   5. 네오코디셉스형

이상의 네 가지 형에 각각 해당되는 대표적인 동충하초로는 1형에 유충직립동충하초(*C. rosea*)가 있고, 2형은 큰매미동충하초(*C. heteropoda*), 큰번데기동충하초(*C. militaris*) 또는 균핵동충하초(*C. ophioglossoides*)가 이에 속하며, 3형은 발견되지 않았다. 마지막으로, 4형에 속하는 동충하초로는 벌동충하초(*C. sphecocephala*)나 개미콩나물동충하초(*C. formicarum*)가 여기에 해당된다.

(3) 기 주

동충하초균은 적은 수의 균류와 종자에 기생하는 것을 제외하고는 대개의 경우 곤충을 기주로 병원성을 나타낸다. 자실체는 곤충을 기주로 하여 형성되므로, 동충하초를 연구하려면 곤충의 분류법을 알아 두는 것이 필요하다. 동충하초균은 내생균핵을 형성하므로 채집시 기주의 손상 없이 원형 그대로 발견되는 것이 일반적이나, 거미에 기생하는 거미동충하초속균은 기주의 전체가 균사로 광범위하게 덮여 있으므로 기주의 정확한 구분이 어려워지기도 한다.

그러나 동충하초균의 분류를 위해서는 적어도 기주가 되는 곤충의 목(目)까지는 확실히 구분해서 적어 두는 것이 좋다. 기주가 되는 곤충이 성충일 경우에는 많은 연구가 되어 있고, 이에 관한 도감류를 통해서 구분이 비교적 쉽지만, 유충이나 번데기를 기주로 한 경우에는 이에 관한 전문 서적이나 전문가가 없으므로 기주의 구분에 어려움이 많다.

현재 동충하초의 기주로서 알려진 곤충 목으로는 잠자리목, 딱정벌레목, 나비목, 파리목, 벌목, 매미목, 노린재목, 메뚜기목과 거미류 등 거의 모든 종류의 곤충들이 해당된다. 보통, 동충하초의 분류를 위한 기주의 구분은 일단 목에 따라서 분류하고, 또 기주의 동정(同定)이 가능한 경우는 과명, 속명, 종명 등까지도 함께 기록한다.

2. 동충하초균의 분류 체계

동충하초 중 대부분이 자낭균강에 속하는 코디셉스속(*Cordyceps*), 토루비엘라속(*Torrubiella*), 포도넥트리아속(*Podonectria*) 등이 자실체를 형성하는 종류인데, 대표적인 속은 코디셉스속에 의한 동충하초이다. 이 속의 분류는 Tulasne(1865), Saccardo(1883), Lindau(1897), Schroeter(1908) 등의 균학자들에 의하여 시도되었는데, 분류 기준은 주로 자좌의 외부적인 특징들, 즉 땅 속에 사는 균에 기생하느냐 또는 곤충에 기생하느냐의 여부와, 자낭각이 자좌에 부착된 형태가 돌출형, 반 묻힌형, 묻힌형인지를 알며, 자실체의 전체적인 형태, 그리고 자낭포자와 자낭의 형태 등이다.

초기에 Tulasne은 동충하초속균(*Cordyceps*)이 곤충을 기주로 하는 엔토모지네(Entomogenae)와 땅 속에 사는 균을 기주로 하는 마이코지네(Mycogenae) 두 군으로 나누었는데, 각각의 군은 다시 클라바테절(Clavatae)과 캐피타테절(Capitatae)로 분류하였다. 그 후 Saccardo는 동충하초속을 3개의 절로 다시 나누었다. 즉, 곤충을 기주로 한 군 중에서 반 묻힌형의 자낭각을 가진 종들을 유코디셉스절로, 반 돌출형의 자낭각을 가진 종들은 라세멜라절(Racemella)로 구분하였고, 땅 속에 사는 균을 기주로 한 군 중에서 묻힌형의 자낭각을 가진 종들을 코딜리아절(Cordylia)로 나누었다.

상기한 분류군은 Lindau와 Schroeter에 의하여 다소 수정된 후에 받아들여졌으며, 1922년에 Lloyd는 분생포자와 자낭포자를 동시에 생산하는 종들을 포함하는 절을 제안하였으나, 분류를 목적으로 무성생식 세대를 도입하는 것은 무성생식 세대가 드물게 관찰되므로 현실적으로 받아들여지지 않았다. Kobayasi는 코디셉스속(*Cordyceps*)을 오피오코디셉스아속(*Ophiocordyceps*), 유코디셉스아속(*Eucordyceps*), 네오코디셉스아속(*Neocordyceps*) 등 3개의 아속으로 크게 분류하고, 이를 또다시 7개의 아절로 나누었다. 그 밖에도 많은 학자들이 분류 체계를 발표하였다. 그 중에서 Main, Petch와 Kobayasi에 의하여 분류 체계가 확립되었는데, 이 책에서는 1982년 Kobayasi에 의하여 발표된 분류 검색표를 참고로 하였다.

이 분류 체계를 기초로 하여, 이에 관심이 있는 분들의 채집과 분류에 도움을 주고, 앞으로 우리 나름대로의 한국 내에 분포하는 동충하초속균의 분류 체계가 확립되는 데 기초가 되었으면 한다.

동충하초속(*Cordyceps*)의 분류

채집된 동충하초 중에서 자낭균류에 속하는 동충하초는 동충하초속(*Cordyceps*), 청가시열매동충하초속(*Shimizuomyces*), 거미동충하초속(*Torrubiella*) 등 3속 45종이며, 자실체를 형성하는 대표적인 속인 동충하초속은 자낭균류의 맥각균목(Clavicipitales) 맥각균과(Clavicipitaceae)에 속하며, 현재 전세계적으로 300여 종이 분포하는 것으로 알려져 있다.

이 연구를 통하여 지금까지 45여 종이 채집되었으며, 채집된 동충하초의 형태적 특징을 바탕으로 한 분류는 "Kobayasi의 *Keys to the taxa of the genera Cordyceps and Torrubiella*"에 기술된 분류 체계를 이용하였다.

Ⅰ. **Ophiocordyceps아속** : 자낭포자는 방추형이고 격막이 있으며, 2차 포자로 분열하지 않는다.
  1. Epicarposoma절 : 머리는 끝에 형성되고, 자낭각은 돌출한다.
       머리는 타원형이다. ·························· *C. ampullacea*
       머리는 곤봉형이다. ······························ *C. rosea*
       가늘고 길게 뻗은 형태의 머리를 가지고
       있다. ·· *C. paludosa*
  2. Neocarposoma절 : 머리는 측생이고, 자낭각은 묻혀 있다.
  3. Capitatae절 : 머리는 끝에 형성되고, 자낭각은 묻혀 있다.

Ⅱ. **Eucordyceps아속** : 자낭포자는 실 모양이고 격막이 있으며, 갈라져서 각이 진 형태의 2차 포자를 형성한다.
  4. Laterals절 : 머리는 측생이고, 자낭각은 묻혀 있다.
       딱정벌레목의 유충에 형성된다. ········· *C. purpureostromata*
       노린재목의 성충에 형성된다. ···················· *C. pentatomi*
  5. Racemella절 : 머리는 측생이 아니며, 자좌는 육질이거나 섬유질이다.
       자낭각은 돌출하거나 반이 묻혀 있다.
     Sparsae아절 : 자좌는 실 모양 혹은 원기둥 모양이며, 자낭각은 돌출한다. ··· *C. agriota*
나비목의 번데기를 기주로 하며, 자낭각은 돌출하여
조밀하게 분포한다. ······························ *C. cochlidicola*
자좌는 원통형 또는 곤봉형이고, 자낭각은
돌출한다. ·· *C. geniculata*
자좌는 곤봉형이며, 머리와 자루의 경계는 명확하지
않다. ··· *C. ryogamiensis*
자좌는 곤봉형이다.
자좌는 담황색을 띠며, 나비목의 유충에
형성된다. ··· *C. takaomontana*
자좌는 검은빛을 띠며, 나비목의 유충에 형성된다.
··· *C. sinensis*
자좌는 머리 모양이다.
자좌는 붉은빛을 띠며, 나비목의 고치에
형성된다. ··· *C. pruinosa*
자낭각은 자루의 꼭대기에 성기게 분포한다.
나비목의 성충에 형성된다. ·························· *C. isarioides*

Clavicipiticola군 : 맥각균속(*Claviceps*)의 균핵 위에 기생하는 종류이다.

Confertae아절 : 머리가 뚜렷하고, 자낭각은 돌출되어 있거나 묻혀 있으며, 조밀하게 분포한다.

Pseudoimmersae아절 : 머리는 뚜렷하거나 뚜렷하지 않고, 자낭각은 조밀하게 분포하며, 반이 묻혀 있다.
번데기에 형성되며, 주황색이다. ·················· *C. militaris*
번데기에 형성되며, 담황색을 띤다. ·········· *C. bifusispora*
풍뎅이의 성충에 형성된다. ··················· *C. scarabaeicola*
나비목의 유충에 형성된다 ······················· *C. kyushuensis*

6. Cystocarpon절 :

Eucystocarpon아절 : 머리는 꼭대기 혹은 중간에 생기고, 다발로 형성되며, 육질 혹은 섬유질로 흑색의 바늘 모양이며, 자낭각은 묻혀 있다.

Entomogenae계 : 거미를 포함한 곤충에 형성된다.
제1군 : 꼭대기에 부속사가 없다. 위유조직벽(僞柔組織壁)을 가지고 있다.
머리는 타원형이다. ················· *C. myrmecophila*
머리는 원통형이다.
딱정벌레목의 유충에 형성된다. ··············· *C. nigrella*
나비목의 유충에 형성된다. ··············· *C. ootakiensis*
균사 조직벽을 가지고 있다. ··············· *C. sobolifera*
머리는 구형이다.
유충에 형성된다. ················· *C. gracilioides*
머리는 곤봉형이며, 자루와 연속적으로 연결되어 있다.
딱정벌레목의 유충에 형성된다. ·········· *C. staphylinidaecola*
조직벽은 잘 알려지지 않은 형태이다.
머리는 원반 모양이다.
파리의 성충에 형성된다. ··············· *C. discoideocapitata*
제2군 : 꼭대기에 부속사가 있다.
머리는 신장되어 있으며, 자좌는 담황색을 띤다.
번데기에 형성된다. ··············· *C. ochraceostromata*
Mycogenae계 : 균류에 기생하고, 자낭포자는 실 모양이며, 갈라진다.
2차 포자는 끝이 각이 진 형태이다.
머리는 길게 뻗으며, 가근이 있다. ······ *C. ophioglossoides*
머리는 곤봉형, 책상 조직이 있다. ········ *C. intermedia*
2차 포자는 방추형이다. ··············· *C. jezoensis*
7. Cremastocarpon절 : 자좌는 육질이거나 흑색의 바늘 모양이고, 자낭각은 비스듬히 묻혀 있다.
Carnosae아절 : 자좌는 육질이며, 머리는 타원형이다. ······ *C. martialis*
Marasmioideae아절 : 자좌는 흑색 바늘 모양이다.
노린재의 성충에 형성된다. ··············· *C. nutans*

Ⅲ. **Neocordyceps아속** : 자낭각은 비스듬히 묻힌형, 자낭포자는 방추형, 격막이 있다.

자좌는 노란색을 띠며, 벌에 형성된다.
부속사가 없다. .... *C. sphecocephala*
부속사가 있다. .... *C. oxycephala*
자좌는 노란색을 띠며, 거품벌레에
형성된다. .... *C. tricentri*
자좌는 노란색을 띠며, 개미에 형성
된다. .... *C. formicarum*

3. 동충하초균의 완전 세대와 불완전 세대의 관계

　동충하초균 중에서 자낭균강에 속하는 균은 완전 세대와 불완전 세대의 두 가지 형태의 포자를 형성하게 된다. 완전 세대는 자낭균강의 동충하초속(*Cordyceps*)이고, 불완전 세대는 분생포자를 형성하며, 이에 속하는 윤생곁가지포자균(*Verticillium*), 백강균(*Beauveria*), 바늘다발균(*Hirsutella*), 아크레모늄균(*Acremonium*), 잠자리동충하초균(*Hymenostilbe*) 등 많은 종류가 밝혀졌다. 이들을 알기 위하여 번데기동충하초(*C. militaris*)를 포함한 6종의 동충하초 자낭포자에서 분리된 균주를 이용하여 물 한천 배지(water agar) 위에서 불완전 세대를 관찰한 결과 번데기동충하초와 큰유충방망이동충하초(*C. kyushuensis*)는 윤생곁가지포자균속의 분생포자를 형성하였다. 풍뎅이동충하초(*C. scarabaeicola*)는 백강균속의 분생포자를 형성하였다. 노린재부리동충하초(*C. pentatomi*)는 바늘다발균속의 분생포자를 형성했는데, 형태적으로 노린재동충하초덧붙이(*Hirsutella nutans*)와 유사한 모양으로 분생자병 위에 작은 자루는 윤생의 형태로 4~6 가지로 분지하며, 그 위에 방추형의 체인상 분생포자가 연쇄적으로 착생하고 있었다. 붉은자루동충하초(*C. pruinosa*)는 분지하지 않는 분생자 자루 위에 타원형의 분생포자가 평행으로 쌓인 형태인 아크레모늄속의 분생포자를 형성하였다. 벌동충하초(*C. sphecocephala*)는 작은 원통형의 분생포자 형성 세포 위에 곤봉형의 분생포자를 착생한 전형적인 잠자리동충하초속(*Hymenostilbe*)의 분생포자를 형성하였다.

동충하초균의 완전 세대와 불완전 세대의 관계

완전 세대	불완전 세대
Cordyceps militaris	*Verticillium* sp.
Cordyceps kyushuensis	*Verticillium* sp.
Cordyceps scarabaeicola	*Beauveria* sp.
Cordyceps pentatomi	*Hirsutella* sp.
Cordyceps pruinosa	*Mariannaea pruinosa*
Cordyceps sphecocephala	*Hymenostilbe sphecocephala*

번데기동충하초(C. *militaris*)

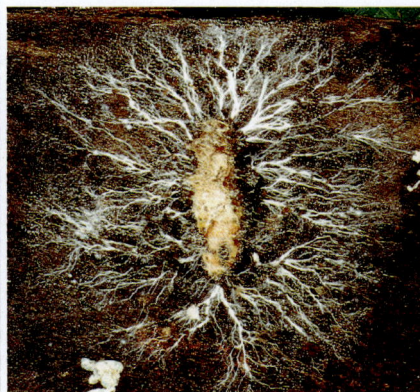

윤생곁가지포자균(*Verticillium lecanii*)

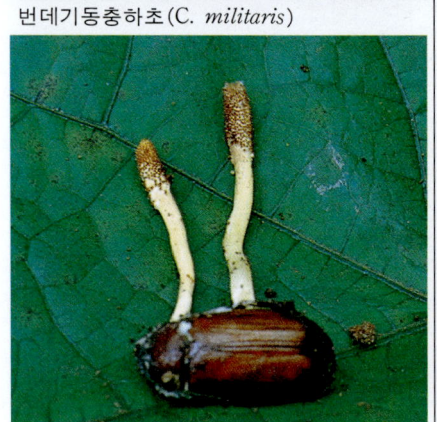

풍뎅이동충하초(C. *sacarabaeicola*)

백강균(*Beauveria bassiana*)

4. 주사전자현미경으로 본 동충하초균의 포자

곤충에 병을 일으키는 전염성 기관으로 가장 주요한 역할을 하는 것은 포자 기관이다. 이들 포자를 확대하여 보는 것은 동충하초균의 불완전 세대형인 분생포자를 이해하고 분류하는 데 크게 도움이 되므로, 주사전자현미경(SEM, scanning electron microscope)하에서 포자를 관찰하고 촬영하였다. 주사전자현미경 촬영은 농업과학기술원 병리과 전자현미경실에서 실시하였다.

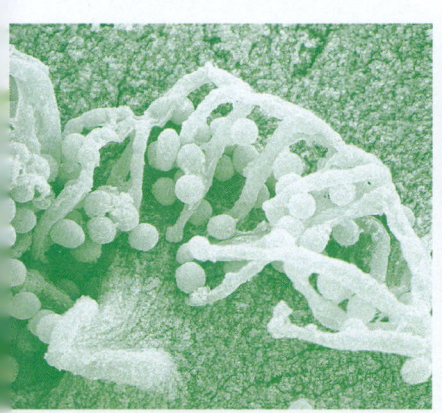

1. 번데기동충하초의 분생포자. ×3000

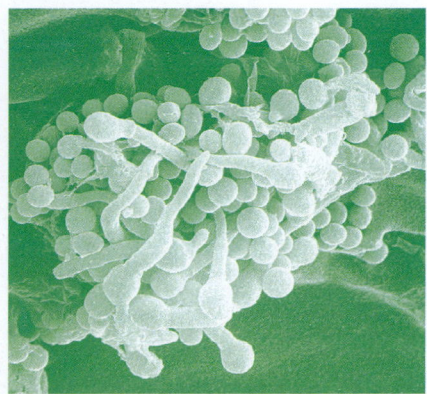

2. 번데기동충하초의 분생포자. ×2500

3. 붉은자루동충하초의 분생포자. ×3500

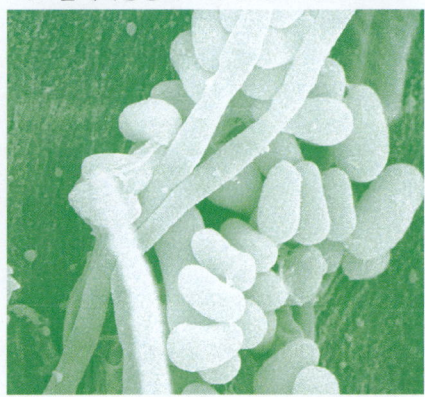

4. 붉은자루동충하초의 분생포자. ×6000

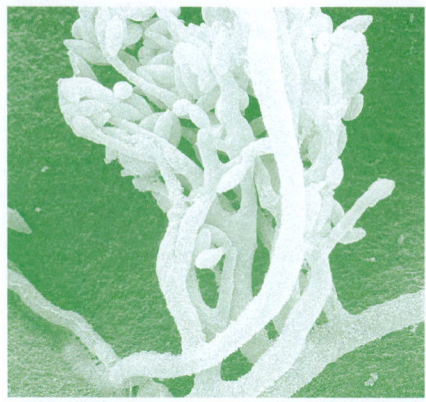
5. 노린재부리동충하초의 분생포자. ×7000

6. 노린재부리동충하초의 분생포자. ×3000

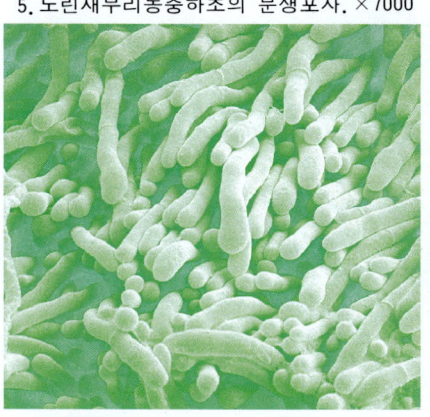
7. 벌동충하초의 균사. ×1500

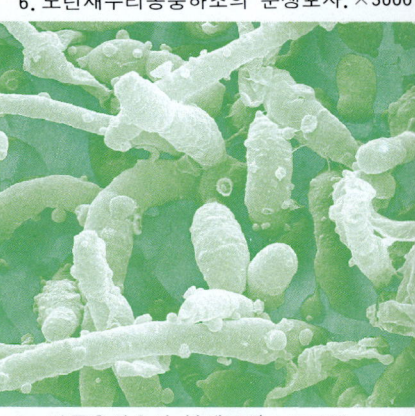
8. 벌동충하초의 분생포자. ×1700

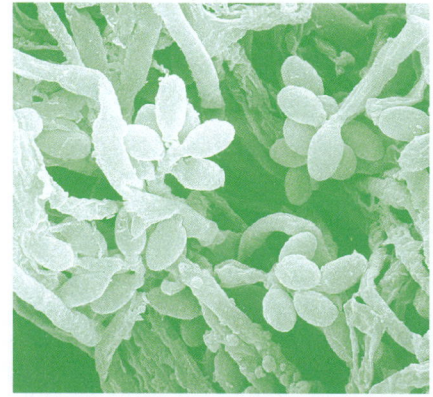
9. 풍뎅이동충하초의 분생포자. ×4000

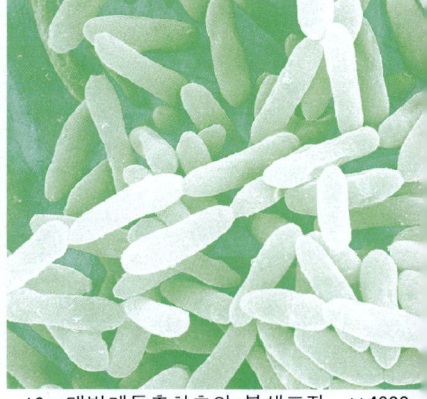
10. 대벌레동충하초의 분생포자. ×4000

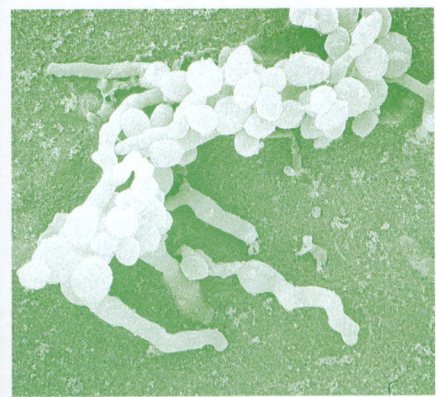
11. 백강균의 분생포자. ×3000

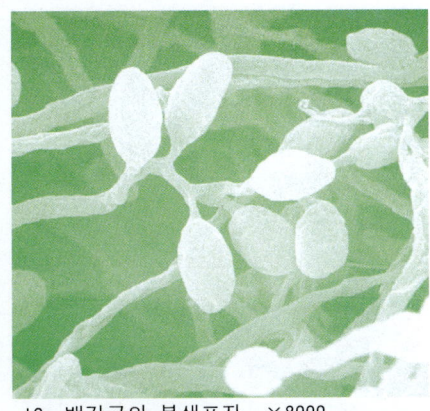
12. 백강균의 분생포자. ×8000

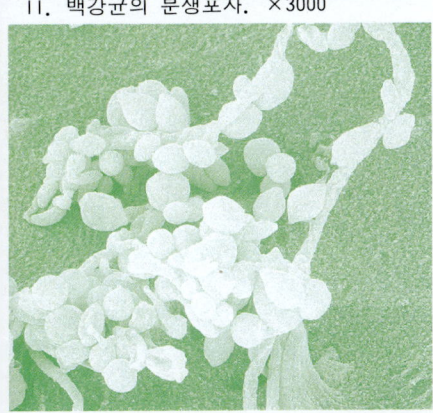
13. 눈꽃동충하초의 분생포자. ×2000

14. 눈꽃동충하초의 분생포자. ×7000

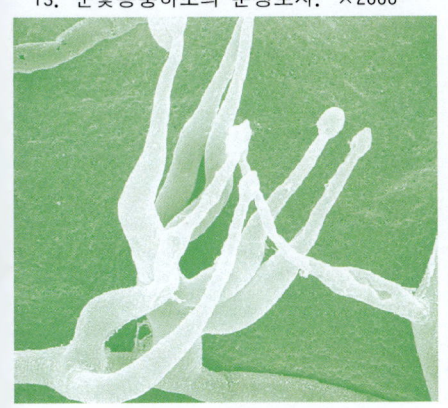
15. 바늘다발균의 분생포자. ×3500

16. 바늘다발균의 분생포자. ×1500

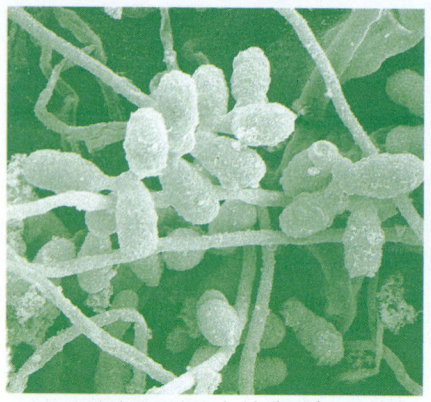
17. 호생차례포자균의 분생포자. ×1500

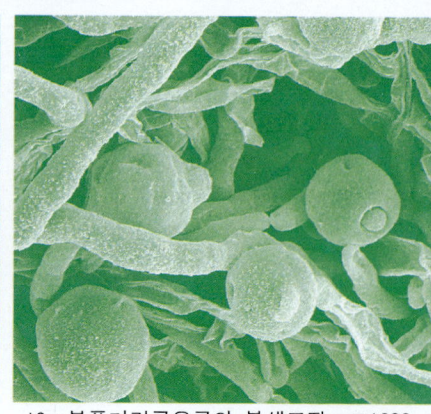
18. 부푼머리굽은균의 분생포자. ×1200

19. 윤문상병연쇄균의 분생포자. ×2000

20. 겉포자균의 분생포자. ×3500

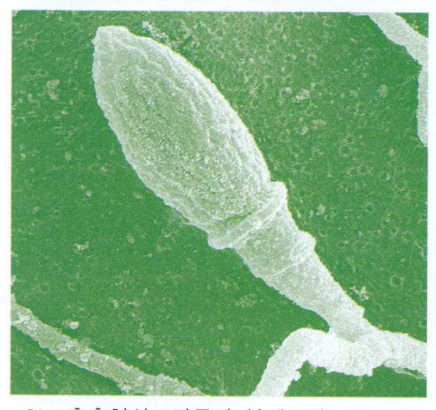
21. 층층형성포자균의 분생포자. ×2000

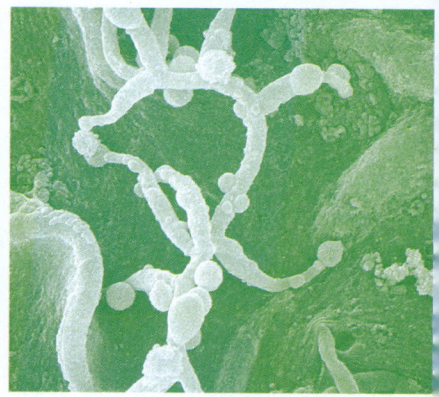
22. 윤생포자균의 분생포자. ×3500

Ⅳ. 동충하초균의 연구 방법

1. 동충하초의 채집과 보관

동충하초를 채집할 때 가장 필요한 것은 우선 마음의 준비로 지속적인 끈기와 인내라고 할 수 있을 것이다. 동충하초는 자체가 워낙 희귀한 자연 현상이며, 너무 작아서 아주 세심한 주의를 기울이지 않으면 찾을 수 없기 때문이다. 동충하초의 발생지는 대개 낮은 지대의 활엽수림대로 곤충이 많이 살고 있는 지역, 공중 습도가 높은 계곡 지대, 물줄기가 서로 만나는 지역, 평평한 곳에 나무가 있거나 산등성이라도 비교적 잡초가 적고 낙엽이 쌓인 지역이다.

동충하초의 발생지는 대개 기주인 곤충이 살고 있는 생활권과 일치하는 경우가 많다. 번데기동충하초는 우선 배수가 비교적 잘 되는 장소에서 많이 발생한다. 그러나 노린재동충하초의 경우는 낙엽층이 두껍게 분포하는 지역에서 발생 빈도가 높다.

동충하초를 채집할 때 유의해야 할 점은 자좌와 기주인 곤충이 분리되지 않도록 세심한 주의를 기울이는 일이다. 숲 속에서 발견되는 대부분의 동충하초는 자실체 부분만이 땅 위로 나타나고 곤충은 땅 속에 묻혀 있기 때문에, 초보자의 경우 부주의로 기주를 잃어버리는 경우가 많다. 그러므로 동충하초라고 생각되는 자실체를 발견하면, 채집하기 전에 저배율의 확대경을 이용하여 자실체 부위에 존재하는 작은 깨알 모양의 자낭각의 유무를 확인하여야 한다 (사진 Ⅳ-1). 일단 동충하초임이 확인되면 주위의 잡초를 제거하고, 조심해서 채취 작업을 하여야 한다. 또한 땅 위에 드러난 자실체는 작지만 땅 속으로 길게 자루가 뻗어 있는 긴자루유충동충하초 (사진 Ⅳ-2) 같은 경우도 있으므로 모종 삽과 핀셋 등을 이용하여 상하지 않도록 조심해서 작업을 해야 한다.

채집한 표본을 점검할 때에는 떨어뜨리지 않도록 주의를 해야 한다.

자칫 잡초나 낙엽 위에 떨어뜨리면 찾지 못할 때가 많으므로 미리 지면에 신문지나 비닐을 깔아 놓은 다음, 동충하초에 붙은 흙을 털고 자세하게 관찰하는 것이 좋다. 잠자리동충하초나 나방동충하초처럼 마른 잎이나 죽은 가지에 붙어 있어 쉽게 떨어지지 않는 경우도 있는데, 이것을 위에서 잡아당기면 도중에 끊어지므로 손가락 끝으로 주의하여 밑에서부터 떼어 낸다 (사진 Ⅳ-3, 4). 따라서, 동충하초를 발견하면 서두르지 말고 주의하여 채집하는 것이 무엇보다 중요하다.

(1) 채집 용구

동충하초는 다른 버섯과 달리 매우 작고, 또 채집할 때에는 기주와 함께 해야 하므로, 이를 고려하여 적합한 용구들을 준비하여야 한다.

① 채집 도구 : 칼, 톱(접는 식), 모종 삽, 낫(작은 것), 전정 가위, 핀셋, 기름종이, 채집 바구니, 붓 등

② 정리 도구 : 루페, 자, 컬러 차트, 라벨, 분리용 배지, 필기구, 백금니, 램프, 도감 등

③ 시약 : lactophenol, KOH, phloxine, Congo red, aceto-orcein 등

(2) 기 록

동충하초의 자실체는 크기가 작아 상온에서 쉽게 건조하게 된다. 그러므로 채집 즉시 자실체의 형태적인 특징들을 기록해 둘 필요가 있다. 즉시 기록이 불가능할 경우에는 표본이 마르지 않도록 기름종이로 싸서 잘 보관해 두거나 투명한 용기에 이끼를 깔고 표본을 넣어 적당한 습도를 유지해 주어, 표본이 마르는 것을 방지하도록 한다. 채집된 표본을 기록할 때에는 기주 곤충의 종류, 자실체의 형태적인 특징, 현미경상에서의 포자의 모양 등과 채집지의 임상, 발생 환경 등을 함께 적는다.

(3) 슬라이드 제작

동충하초균의 분류를 위해서는 광학 현미경하에서 미세 구조를 관찰하는 것이 필요하다. 따라서, 슬라이드 제작에 필요한 기본적인 기술을 알아 둘 필요가 있다. 가장 간단한 슬라이드 제작 방법은 물을 이용한 방

Ⅳ-1. 잘 발달한 자낭각

Ⅳ-2. 긴자루유충동충하초

Ⅳ-3. 매미충을 침입한 백강균

Ⅳ-4. 잠자리동충하초

법인데, 관찰하고자 하는 표본을 있는 그대로 관찰하기에 좋으며, 별다른 노력이 필요하지 않다. 그러나 물로 만든 슬라이드는 물이 빨리 마르므로 오랫동안 관찰하거나 보존하기에는 적합하지 않다. 따라서, 오래 보관해 두어야 할 슬라이드는 마르지 않는 유기 용매를 이용하여 제작을 하는 것이 바람직하다.

동충하초균의 슬라이드 제작과 관찰은 실험실에서 종의 동정(同定)을 위해 필요하지만, 전문가의 자문이나 기술된 표본에 대한 자료로서 필요하다. 슬라이드 제작에 사용되는 염색약이나 시약은 lactophenol, KOH, phloxine, Congo red, aceto-orcein 등이고, 만드는 방법은 아래와 같다.

lactophenol
phenol (crystal) ···20 g
lactic acid ···20 g
glycerol ··40 g
증류수 ··20 mL

동충하초균을 관찰하기 위해 슬라이드 제작에 가장 흔하게 사용되는 시약이다. 그리고 조직을 좀더 선명하게 염색할 필요가 있을 때에는 락토페놀에 cotton blue, aniline blue, 또는 acid fuchsine 등을 첨가하면 동충하초균의 균사체와 포자를 더욱 선명하고 아름답게 관찰할 수가 있다.

lactic acid (젖산)
수화되지 않은 젖산은 다른 첨가제의 사용 없이 반영구적인 슬라이드의 제작에 이용된다.

Hoyer's medium
gum arabic ···30 g
chloral hydrate ···200 g
glycerol ···16 mL
증류수 ··50 mL

PVLG

polyvinyl alcohol	8.33 g
증류수	50.0 mL
lactic acid	50.0 mL
glycerol	5.0 mL

aceto-orcein

orcein	1.0 g
acetic acid (glacial)	45.0 mL

오르세인(orcein)을 뜨거운 아세트산(acetic acid)에 녹여 증류수로 1 : 1 이 되도록 희석하여 이를 약 5분간 끓인다. 끓인 후 손실된 분량은 50% 아세트산으로 보충하며, 녹지 않은 잔여물은 여과지로 두세 차례 걸러 낸 다음 사용한다.

또, 광학 현미경의 초록색 필터를 통하여 관찰하면 보다 선명하게 관찰할 수가 있다.

⑷ 채집 후의 처리

동충하초균의 종의 분류에는 포자의 형태가 상당히 중요하다. 어린 표본을 채집하였을 때는 포자가 성숙하지 않아 동정(同定)이 어렵다. 따라서, 이러한 때에는 인공적으로 자실체를 성숙시켜 완전한 포자를 만든다. 일단 채집한 어린 표본은 핀셋과 해부 핀 등을 이용하여 표본에 붙어 있는 흙과 잡물을 깨끗이 제거한다. 투명한 용기에 깨끗한 이끼를 바닥에 깐 다음 표본을 넣고 뚜껑 대신에 비닐 랩으로 막는다. 공기가 잘 통할 수 있도록 핀셋 끝으로 약간의 구멍을 뚫어 주어, 용기 내 습도와 통기를 적절하게 유지해 준다. 용기 내 표본이 마르지 않도록 분무기를 이용하여 하루에 여러 차례 물을 뿌려 주고 자주 관찰한다. 자실체 형성 중에는 용기를 20℃ 안팎의 서늘한 그늘에 보관한다. 한 용기 내에 여러 개의 표본을 배양하는 것도 좋으나 이 때 유의해야 할 점은 한 용기 내에 서로 다른 종 또는 포자의 비산이 잘 되는 표본들을 함께 보관해서는 안

Ⅳ-5. 균주 보관 상자

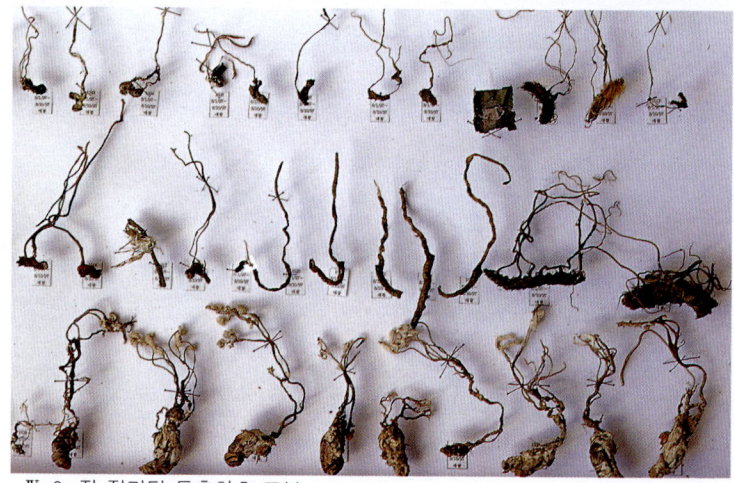

Ⅳ-6. 잘 정리된 동충하초 표본

된다. 포자가 성숙할 때 용기 내에서 포자가 비산하여 다른 종의 자실체 표면에 섞이면 종의 정확한 동정과 분리가 어려워지기 때문이다. 다른 균류에 의하여 자실체가 오염되는 경우도 가끔 발견되므로 주의하여야 한다. 채집된 자실체의 상태에 따라 차이는 있으나, 대개의 경우 포자의 성숙까지는 20~30일이 걸리며, 길게는 50일 가량 걸리기도 한다.

 기록을 마친 동충하초는 표본을 만든 다음 채집 일자, 채집 장소, 균주 번호를 적은 이름표와 함께 상자에 넣어 보관한다 (사진 Ⅳ-5, 6). 보관

중에 곤충의 피해를 받기 쉬우므로 나프탈렌을 넣고 20℃로 유지되는 습기가 적은 장소에서 보관한다.

(5) 동충하초의 표본 제작

동충하초의 표본은 액침 표본과 건조 표본의 두 종류가 있다. 표본을 만들 때에는 먼저 표본에 부착되어 있는 흙이나 나뭇잎 등을 깨끗이 제거한다. 표본을 만들지 않더라도 이 일은 채집한 당일에 반드시 하는 것이 좋다. 건조 표본을 만들 때 버섯 종류는 화력 건조로 끝내는 것이 일반적이나, 동충하초의 경우는 자실체가 작으므로 실내에서 자연 건조로 천천히 끝내는 것이 좋다.

건조 표본은 영구 보존하기에 적합하지만 자실체가 전체적으로 수축되고 색이 변하는 단점이 있고, 부서지기 쉬운 결점이 있다. 따라서, 보존에 있어서도 보통 버섯 표본은 종이를 사용하여 꺾어 덮는 것으로 충분하지만, 동충하초는 유리나 플라스틱제의 투명 마개가 있는 용기에 솜을 적당히 채우고 표본을 넣어 보존해야 한다.

최근에는 표본의 모양과 색이 변하지 않게 표본을 -70℃에서 동결시킨 후 동결 건조하는 방법을 이용하지만, 비용이 많이 드는 단점이 있다.

액침 표본은 원형 그대로 보존이 가능하여 전시용, 교육용으로 쓰이고 있으나, 용기의 부피가 크고 무거우며, 취급이 다소 불편하다는 결점이 있다. 또, 용기 내의 침지 용액이 증발되면 그 분량만큼 보충해 주어야 하는 번거로움이 있다. 침지 용액으로는 포르말린이나 알코올을 이용한다.

2. 동충하초의 배양

담자균아문에 속하는 버섯은 숙주인 식물이 없을 경우에 식물성 유기질을 영양원으로 해서 발생하는데, 동충하초는 버섯과 비슷한 모양의 자실체를 발생하여 포자를 형성하지만 기생 대상이 곤충이라는 점에서 다른 버섯과 다른 특징을 가지고 있다. 그러나 동충하초는 자연계에서 발생하는 자실체의 크기가 매우 작기 때문에 인공 배양을 할 수밖에 없다. 하지만 동충하초의 인공 배양은 매우 어려워 계속적으로 배양할 수 있는 방법의 체계는 아직 확립되어 있지 않고 몇 가지 종만 인공 배양 실험이 행해지고 있을 뿐이다.

(1) 배양에 필요한 설비

동충하초균을 배양하려면 준비실, 무균실 및 배양실이 구비되어야 하지만 실제로는 배양의 규모나 필요성에 따라 무균실 대신에 무균상을 이용하거나 배양실 대신에 배양 항온기를 사용하는 경우가 있다.

준비실은 배지 및 기구의 준비와 배지의 조제 및 살균을 위한 살균기, 그리고 수도, 가스, 전기 및 실험대 등을 설치하는데, 이것들을 작업하기 쉽도록 배치하는 것이 중요하다. 그 중에서 고압 증기 살균기와 배양 항온기를 같은 장소에 설치하면 배지를 살균할 때 생긴 열과 수증기로 잡균에 의한 배지의 오염 확률이 높아지므로 서로 다른 장소에 설치하는 것이 좋으나 부득이 동일 장소에서 사용하려면 벽면과 가까운 곳에 설치하고 환풍기로 환기시키는 것이 좋다.

무균실은 잡균의 오염을 방지하기 위하여 청결하게 유지해야 하므로, 콘크리트나 타일 등으로 무균실 벽을 만들고 출입구는 이중문으로 설치하는 것이 좋다. 실내에는 접종대 외에 가스, 수도 등을 설치하며, 실내 공기를 청결하게 하기 위해 공기 여과기를 설치하고, 온도 조절도 가능하게 하는 것이 좋다. 무균상은 준비실이나 배양실 등 적당한 위치에 놓는다. 무균상의 필터는 정기적으로 오염도를 점검해 교환해 줄 필요가 있다.

배양실은 접종한 균을 배양하기 위한 장소로 온도 조절이 가능하며, 배양실 내부에 잡균이 자라지 않도록 제습하고 광이나 공기의 조절이 가능해야 한다. 온도는 동충하초균이 잘 자랄 수 있는 18~24℃ 범위로 유지시킨다. 실내 습도는 배지의 건조나 오염과 관계가 깊으므로 낮게 하되, 배지의 건조가 방지되도록 용기의 마개 등에 주의가 필요하다. 따라서, 습도가 높아지기 쉬운 장마 전후에는 제습 작업을 하는 것이 좋다. 종균만 배양한다면 실내 조명이 필요 없지만, 자실체의 발생에는 꼭 필요하므로 식물 생장용 형광등을 설치한다. 배양실의 공기는 무균 상태로 하고, 산소가 부족하지 않도록 한다.

(2) 배양에 필요한 자재

 동충하초 재배의 목적에 따라 배양 소재의 종류나 배양 용기 등이 달라져서 여러 가지 기구를 필요로 하며, 때에 따라서는 기재의 사용법이나 기구를 창의적으로 새롭게 고안해야 할 경우도 있다. 일반적으로 원균 배양시에는 시험관을, 진탕 배양시에는 삼각 플라스크를, 종균 배양에는 용량이 큰 광구병을 사용한다. 배양 용기로는 지름 18mm 정도의 작은 시험관을 이용하며, 삼각 플라스크는 액체 진탕 배양 또는 원균을 장기 보존할 때 이용하는데, 그 용량은 100~1000mL이다. 배양 용기의 마개에는 솜마개, 고무 마개, 알루미늄 포일 등이 있다. 그 밖에 배지를 만들 때 필요한 메스 플라스크, 홀 피펫, 메스 피펫 및 메스 실린더, 시약병, 비커 등이 필요하다. 배지의 pH를 조정하기 위해서는 pH 미터, pH 시험지 등의 준비가 필요하다.

 살균할 기구로는 유리 기구와 금속재의 작은 기구가 있으며, 미리 알루미늄 포일에 싸서 건조기를 이용해 150℃에서 약 1시간 정도 살균하여 사용한다. 배지의 살균은 고압 증기 살균기를 사용하는데, 일반적으로 살균기를 이용하여 (사진 Ⅳ-7) 121℃에서 10~20분간 살균하면 되지만 실

Ⅳ-7. 살균기

제로 온도와 시간은 배지의 용량에 따라 다르기 때문에 미리 조사해 둘 필요가 있다. 생장 호르몬과 같이 고온에서 분해되기 쉬운 물질을 첨가할 경우에는 밀리포 필터로 걸러 배지에 첨가한다. 한천 배지에 첨가할 경우에는 한천이 굳기 전에 첨가하여 잘 흔들어 주어야 한다. 알코올의 경우 피부 소독에는 50~85%액을, 기구 소독에는 85%액을 사용한다.

(3) 동충하초의 분리
채집된 동충하초균의 분리는 조직체에서 하기보다는 포자로부터 하는 것이 좋다. 자실체를 형성하는 종의 경우는 자실체를 물 한천 배지(water agar)가 들어 있는 샬레(Schale)의 뚜껑에 테이프로 고정시킨 후 뚜껑을 덮어, 자실체로 자낭포자가 배지상에 떨어지게 한다 (사진 Ⅳ-8).
물 한천 배지 위에서 발아한 자낭포자를 현미경하에서 감자 한천 배지(PDA)에 옮겨 분리한다. 자실체를 형성하지 않는 균의 경우는 곤충의 몸 위에 분생포자를 형성하는데, 이런 경우는 살균된 백금 바늘로 분생포자를 직접 떼어 내어 역시 감자 한천 배지에 이식하여 분리한다. 동충하초의 조직에서 균을 분리할 때에는 세균의 오염을 특히 조심하는데, 세균의 오염을 방지하기 위하여 자실체의 작은 조각을 하이포아염소산나트륨(sodium hypochloride)에 1분간 살균한다. 살균된 조직은 여과지에서

Ⅳ-8. 노린재동충하초에서 자낭포자 분리

습기를 제거한 후 물 한천 배지 위에 놓고 20℃ 항온실에 2일간 배양한 다음, 조직으로부터 생장한 균사를 감자 한천 배지에 옮겨 분리한다.

(4) 균사 생장 조건

번데기동충하초균의 주요 영양원은 탄소원과 질소원이며, 여기에 비타민류를 첨가하면 더욱 생장이 좋아진다. 균사 생장 적온은 25℃이며, 자실체 형성에 적합한 온도는 이보다 낮은 18~20℃이다. 배지 내 습도는 60~70%가 알맞고, pH는 5~6 정도의 약산성이 좋다. 빛은 균사 생장에는 그다지 필요치 않으나 자실체 형성에는 매우 주요한 요인으로 작용하며, 자연광에 의해 조절이 가능하다. 통기 또한 자실체의 생성에 주요한 요인으로 영향을 끼친다.

(5) 동충하초의 시험관 균주 배양

동충하초 균주의 증식용 배지는 일반적인 고체 배지인 감자 한천 배지와 Sabouraud dextrose (or maltose) agar+yeast extract(SDAY)를 주로 사용한다. 감자 한천 배지는 200g을 물 1000mL에 넣고 30분간 끓인 다음에 설탕 18g, 한천 18g을 넣어 만든다. SDAY는 포도당 혹은 엿당 40g, 펩

Ⅳ-9. 채집된 동충하초균의 생장 특징

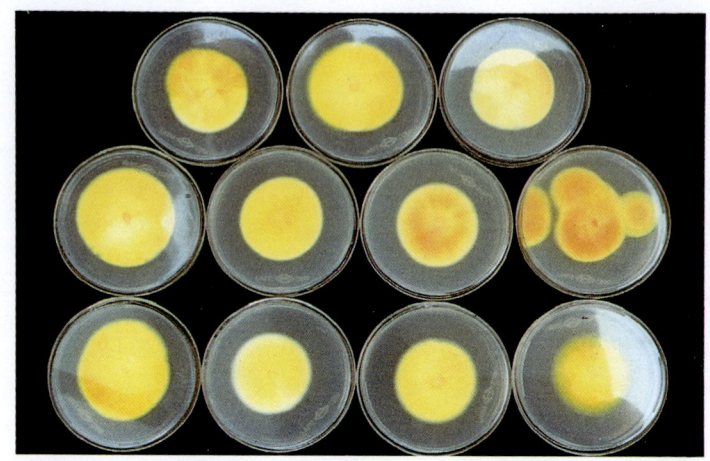

Ⅳ-10. 번데기동충하초균의 감자 한천 배지에서의 생장

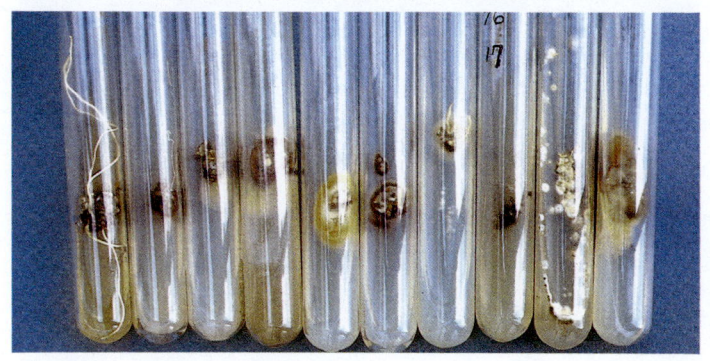

Ⅳ-11. 벌동충하초균의 감자 한천 배지에서의 생장

톤 10g, 효모 추출물 10g, 그리고 한천 15g을 삼각 플라스크에 넣고 물 1000mL를 넣어 흔들어 만든다. 다음에 살균기를 이용하여 살균한다. 이렇게 만든 배양기를 이용하여 균을 배양하고 필요할 때 모균주로 사용하는데, 번데기동충하초균은 감자 한천 배지에서 균사의 생장은 좋으나 (사진 Ⅳ-9, 10), 벌동충하초균은 감자 한천 배지에서 균사가 생장하기보다는 균핵을 만들어 자좌를 형성하는 특징이 있다 (사진 Ⅳ-11).

1) 균주의 오염 방지

균주를 배양할 때 주의해야 할 것은 오염원을 최소화하는 일이다. 오염원으로는 세균이나 다른 곰팡이류에 의한 것과, 여러 종류의 동충하초균을 동시에 접종할 때 분생포자를 다량 형성하는 다른 종류의 불완전균류들에 의한 오염을 들 수 있다. 특히, 동충하초의 분생포자를 형성하는 균을 접종할 때에는 각별한 주의가 필요하다. 이는 분생포자가 눈에는 보이지 않지만 접종 중에 공기 중에 흩어져 있다가 다른 균을 접종할 때 함께 들어가 오염되는 경우가 가끔 발생한다.

2) 균주의 보관

동충하초균의 보존은 계대 배양 보존법, 파라핀유 보존법, 동결 보존법, 급속 동결 보존법, 액체 질소 보존법, 동결 건조 보존법 등이 있다. 이 중에서 가장 많이 사용하는 계대 배양 보존법과 액체 질소 보존법에 관하여 기술하기로 한다.

• 계대 배양 보존법 : 새로운 배지에 일정 간격을 두고 균주를 이식시키는 방법으로, 상당한 시간과 노력이 든다. 이러한 단점에도 불구하고 이 방법을 많이 이용하는 이유는, 대부분의 균은 균사 생장이 둔화되고 병원성을 잃게 되며, 포자 형성을 하지 않고 형태적 특성도 잃게 되는 데 비하여 계대 배양 보존법은 안전하게 균을 보존할 수 있기 때문이다.

계대 배양시 주의해야 할 점은, 균총의 가장 끝에 있는 새로 자란 부분을 옮기고 유리병 배양을 한 경우에는 뚜껑을 꼭 잠그지 말며, 5~8℃ 저온실에서 공기가 통하고 습기가 있는 시험관은 매 6~8개월마다 균주를 이식하는 것이다.

• 액체 질소 보존법 : 액체 질소의 온도는 -196℃이고, 이 온도에서는 미생물의 생리적 대사 활성이 거의 휴지 상태에 이른다.

필요한 재료로는 계속 공급이 가능한 액체 질소, 앰풀, 앰풀을 보관하기 위한 터치 램프(cross fire touch), 앰풀을 보관할 수 있는 금속제 통, 통을 넣을 수 있는 상자와 액체 질소통이다. 액체 질소 보존법을 간단히 설명하면, 균사 조각이 어는 것을 방지하기 위하여 우선 앰풀에 10% 글리세롤 보존 배지와 배양된 동충하초균의 균사 조각을 10mm로 잘라 3개씩

넣어 마개를 막고 2~3일간 4~7℃에서 동결 전 예냉을 시키며, 매분 1℃씩 -35℃가 될 때까지 프로그램된 냉동고 안에 넣는다. 그런 다음 상자를 꺼내어 즉시 액체 질소통 안에 넣어 보존한다.

(6) 균주의 대량 배양법

1) 원균의 배양

강원대 한국 동충하초 은행에서는 균사체의 활력 및 형질을 안정하게 유지하기 위해서 보관 균주를 3~6개월마다 계대 배양하여 4~10℃ 정도의 저온에서 보관하고 있으며, 원균의 확대 배양은 평판(Petri dish) 배지에서 이루어지고 있다.

원균의 보존 및 배양에 사용되는 시험관은 10~25mm×75~200mm가 있으므로 배양 목적에 맞게 선택하여 사용할 수 있으나, 버섯균의 보존 및 증식을 위해서는 18mm×180mm의 시험관을 주로 사용한다. 시험관 마개는 잡균의 오염을 방지하면서 공기가 통하여 균사가 죽지 않고 생육할 수 있도록 하는 기능을 하는데, 주로 솜마개를 사용하나 시간과 노력이 많이 들므로 최근에는 실리콘 마개나 스크루 캡 시험관을 사용한다.

원균을 증식하고 보존하는 데에는 감자 한천 배지 (potato dextrose agar), 엿 호모 배지(malt yeast agar), SDAY(Sabouraud dextrose agar)를 영양 배지로 사용한다. 시험관 배양기의 조제는 한천이 첨가된 배지가 완전히 녹은 것을 시험관 길이의 1/4 정도 넣어 준다. 이 때 입구에 배지가 묻으면 마개를 통하여 잡균이 오염될 수 있으므로 깔때기에 작은 유리 대롱을 연결하여 조심스럽게 분주를 한다. 배지를 넣은 시험관은 솜마개를 하고 시험관 망에 넣어 고압 살균기에서 충분한 배기를 하면 121℃, 15psi(1.1kg/cm²) 압력으로 20분간 살균한다. 살균 작업이 완전히 끝나면 압력이 자연적으로 내려가도록 한 후 시험관을 꺼내어 비스듬히 놓는다.

시험관을 비스듬히 놓는 이유는 동충하초균을 배양할 때에 표면적이 적으면 배지의 냉각시 생긴 물에 균사가 닿아 세균에 의하여 오염이 될 수도 있지만 동충하초균은 호기성 균인 관계로 배지 표면에서 실과 같은 균사체를 형성하여 생장해 나가므로 표면적 증대를 위한 것이다. 사면 요령은 배지의 한천이 굳기 전에 시험관 윗부분에 1cm 높이의 깨끗한 받

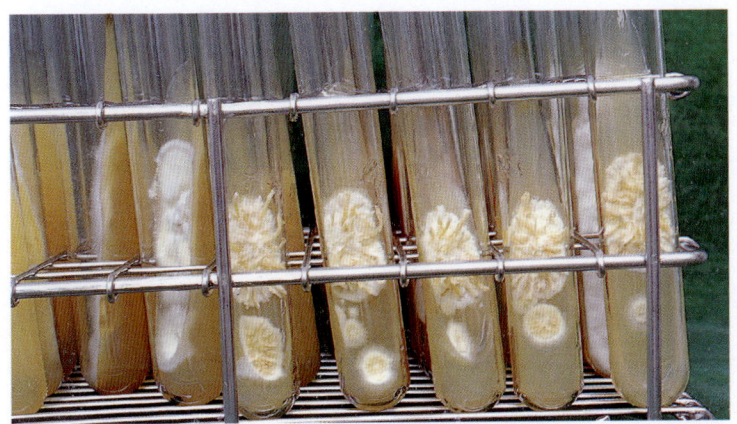

Ⅳ-12. 원균의 시험관 배양

침대를 놓아 주고 시험관을 옆으로 눕혀 주며, 2~4시간 후 한천이 굳으면 동충하초균을 이식하여 원균인 균주로 이용한다 (사진 Ⅳ-12).

2) 원균의 확대 배양을 위한 평판 배양

이식하는 방법은 무균실이나 무균상에서 원균이 들어 있는 배지의 시험관 입구를 화염 살균을 하고, 백금선으로 원균을 사방 5~7mm, 두께 1~2mm의 크기로 배지와 함께 떼어 내어 평판 배양기의 중앙에 접종한다. 이 작업은 반드시 배양하려는 동충하초균으로부터 세균이나 다른 균을 완전히 차단해야 한다. 접종이 끝난 평판 배양기를 25℃ 항온기에 넣어 활력 있고 빠른 균사 생장이 되도록 한다. 평판 내 균사가 약 70% 정도 자랐을 때 액체 배지가 담긴 삼각 플라스크에 접종하여 균사체의 액체 배양을 한다.

평판 배지의 조제는 배지를 용해시킬 수 있는 큰 삼각 플라스크에 배지 성분을 증류수에 녹인 다음 한천을 첨가하여 한천이 녹아서 투명해질 때까지 녹인다. 배지 성분이 완전히 용해되면 삼각 플라스크의 입구를 솜마개로 막고 알루미늄 포일로 플라스크의 입구를 완전히 덮는다. 이렇게 하면 살균할 때 솜마개가 젖게 되는 것을 방지할 수 있다. 배지가 조제된 삼각 플라스크를 고압 살균기에 넣고 121℃, 15psi(1.1kg/cm²)에서

Ⅳ-13. 원균의 평판 배양

20분간 살균한다.

살균이 끝난 배지가 45℃까지 식으면 미리 살균된 페트리 접시에 분주된다. 페트리 접시의 지름이 8.5~11cm의 것을 사용할 경우에는 15~20mL씩 배지를 분주하고, 무균상 안에서 약 2시간 방치하면 배지가 굳어진다. 여기에 동충하초균을 이식하여 균주를 증식한다(사진 Ⅳ-13).

배양실은 23~30℃까지 임의로 온도 조절이 가능하도록 항온 장치 및 에어컨을 설치하고, 습도는 70% 이하로 조절한다. 배양실은 동충하초균의 종류별 배양 최적 온도인 25~30℃가 유지되도록 하고, 외부 온도의 영향을 줄이기 위하여 단열이 잘 된 곳을 사용한다.

3) 접종원 배양을 위한 삼각 플라스크 배양

평판 배양기의 균사체가 평판 면적의 약 70% 정도 자랐을 때 균사체의 끝 부분을 지름 6mm의 코르크 보러(cork borer) 또는 백금구로 3~5개의 균사체 조각을 삼각 플라스크에 접종한다. 접종되는 균사체 조각의 숫자가 증가함에 따라서 접종원의 배양 일수가 단축될 수 있으나 적당한 균사체를 접종하는 것이 더 유리하다. 접종된 균사의 밀도가 높을수록 형성되는 균사구(펠릿)의 지름이 더 작아지게 되므로 적당량을 접종하여 알맞은 크기의 균사구로 증식하도록 유도한다. 접종된 삼각 플라스크는 회전 진탕 배양기 또는 왕복 진탕 배양기에서 80~120rpm 정도의 회전수와 각 품종의 균사 배양 온도를 맞춘 후 진탕 배양하게 된다. 진탕 배양에서는 물의 회전에 의해서 균사체가 서로 끊어지는 동시에 균사구의 크기 및 균사구 내의 균사 밀도를 좌우하게 된다. 따라서, 적당한 회전수로 배양한 것이 균사의 물리적인 스트레스를 줄이는 방법이 될 수 있다.

균사체를 액체 배양하는 배지 성분과 시험관이나 평판 배양에 사용하는 차이점은 배지에 응고제인 한천의 첨가 유무에 있다. 액체 배양에 적합한 배지 성분은 각 균의 균사 생장에 알맞은 액체 배지의 선발을 통해 배지 성분으로 사용하게 된다. 배지 성분으로는 탄소원, 질소원, 유·무기염류, 미량 원소 등이 첨가된다. 일반적으로 탄소원은 질소원의 약 10배 정도의 비율로 첨가하게 된다.

삼각 플라스크 배양은 배양액을 흔들어서 배양하게 되므로 삼각 플라스크에 넣는 배양 액량의 2배 이상이 되는 용량의 삼각 플라스크를 사용하게 된다. 즉, 100mL의 배양 액량을 배양하기 위해서는 200mL이상 크기의 삼각 플라스크를 사용한다. 준비된 삼각 플라스크에 배지 성분을 넣고 멸균수를 첨가하여 배지 성분이 완전히 용해되도록 끓인 다음 삼각 플라스크의 입구를 솜마개나 플라스틱 또는 실리콘 마개를 한 후 포일로

Ⅳ-14. 원균의 플라스크 배양

마개를 덮고 121℃, 15psi(1.1kg/㎠)의 고압 살균기로 20분간 살균한다.

삼각 플라스크 배양은 회전식 진탕 배양기에 고정시킨 다음 120rpm 정도의 회전수 및 동충하초균의 균사체의 적합한 온도를 설정한 후 진탕 배양에 들어간다. 일반적으로 25±1℃에서 7~10일간 배양하게 되면 균사구가 형성된다 (사진 Ⅳ-14).

4) 액체 종균의 배양

8L의 배지를 만들기 위하여 필요한 배지 성분은 황백당 240g과 대두분 24g이 필요하며, 18L의 시판용 생수병의 경우는 황백당 540g과 대두분 54g이 필요하다. 무게를 잰 배지 성분을 물에 용해시킬 때 배지 액량이 8L 또는 18L일 경우에는 무거울 뿐만 아니라 파손의 위험성이 있다. 그러므로 전동 기구에 혼합기를 사용하면 시간과 노동력을 줄일 수 있다. 전동 기구는 일반적으로 사용하는 전기 드릴에 배양액을 혼합시킬 수 있는 믹서를 연결하여 사용하고 있다. 그리고 배양시 발생되는 거품을 없애기 위하여 혼합이 완료된 배양액에 거품 제거제로 식물성 기름을 미리 첨가한다. 첨가량은 배양액의 상층 부분에 고르게 퍼질 수 있는 40~50mL이면 된다.

배지를 살균하는 조건은 대개의 경우 121℃, 15psi(1.1kg/㎠)에서 15~30분 정도이면 충분하게 살균이 된다. 5L 이상의 배지를 살균하고자 할 때에는 살균 시간을 충분히 고려하여 살균이 되지 않아 생기는 오염 발생을 줄여야 한다. 살균이 되지 않으면 다른 균에 의하여 오염이 발생되는데, 살균 배양기 중 50% 이상이 오염이 발생하게 된다. 또한 동일한 접종원을 접종원이 오염되어 있는 것을 모르고 사용할 경우 100%의 오염이 발생하게 된다. 그리고 살균하는 과정에서 주의를 하지 않아 발생하는 오염률은 50%를 넘지 못하는 것이 보통의 오염 발생 현황이다.

한국 동충하초 은행에서는 병배양 장치 8개를 동시에 살균할 수 있는 1100L 용량의 살균기와 100kg/h 용량의 증기 보일러를 이용하여 배지를 살균한다. 먼저 충분한 배기를 행하면서 살균기 내의 온도가 100℃에 도달하면 배기 밸브를 닫고, 105℃에서 약 60~90분간 유지한 다음 살균기 내의 온도를 올려 121℃, 15psi(1.1kg/㎠)에 도달하면 약 60분간을 살균하여 멸균된 배양액을 만든다.

식용 버섯균의 배양에서 잡균의 오염을 없애는 방법이 동충하초 배양에서도 반드시 필요하다. 진탕 배양된 액체 종균을 본 배양병에 접종할 때에는 잡균의 혼입에 특별한 주의를 기울여야 한다. 그렇게 하기 위해서는 외부의 공기에 노출되지 않으면서 다른 균이 들어가지 않도록 접종해야 한다. 접종 기구는 공기 주입구와 액체 배지의 배출을 위한 2개의 라인이 연결된 접종 기구를 이용한다. 접종 기구의 공기 주입 장치에는 필터를 연결하고, 접종원의 배출 장치에는 연결관을 설치하여 접종할 때 접종 기구의 연결관과 배양병의 연결관을 연결하여 보다 무균적이며 신속한 접종이 가능하도록 제작하여 사용하도록 한다.

무균상에서 삼각 플라스크에 배양된 접종원(배양액)을 살균된 접종원의 접종 기구에 옮겨 담을 때, 접종 기구의 입구나 삼각 플라스크의 입구에서 가급직 멀리 손동작이 이루어지도록 하여 잡균의 오염을 최소한으로 줄여야 한다. 그런 다음 배양액이 들어 있는 접종 기구의 연결관과 배양병의 연결관을 연결하고 접종 기구의 공기 주입구에 공기를 불어 넣어 배양병으로 배양액을 내보내게 한다. 이 때가 접종 작업 중에서 가장 오염이 잘 될 수 있기 때문에 무균 연결관의 주위를 화염 살균을 하거나 알코올로 살균한 다음 접종하는 것이 좋다.

Ⅳ-15. 액체 종균의 배양

접종이 완료되면 배양실로 옮겨 병배양 장치의 통기 장치에 공기 압축기와 연결된 호스를 연결시킨다. 배양기로 보내지는 공기량, 즉 통기량은 0.5vvm (공기 부피/배지 부피/분)으로 병배양에서 최소 통기량은 배양액의 혼합이 가능한 양을 통기시키는 것이 가장 좋다. 만일 과도한 통기를 행할 경우 배양액의 손실뿐만 아니라 압축 공기의 손실이 증가하게 되며, 병배양 장치의 온도는 배양실의 온도로 조절하면 된다. 일반적으로 종균의 배양 온도는 25 ± 1℃가 알맞다 (사진 Ⅳ-15).

5) 현미를 이용한 종균 배양

균주를 액체 배양하여 대량으로 증식하였다면 현미를 이용하여 자실체 형성에 들어가야 하는데, 증식 현미의 배지량은 배양실의 상태와 멸균 능력, 접종원 등에 따라 결정되어야 한다. 현미로 종균을 만들 때에는 현미와 물의 양을 80g : 120mL, 1000g : 1000mL, 2000g : 1800mL로 하는데, 현미의 양이 증가함에 따라 물의 양을 적게 해야 한다. 일반적으로 현미 배지와 물의 첨가량은 1 : 1 정도가 적당하나, 위에서 말한 바와 같이 현미의 상태와 멸균 방법에 따라 조절할 필요가 있다. 배양 조건의 온도는 20 ± 2℃이고 습도는 80%로 유지하는 것이 좋으며, 환기는 배양실 내가 신선하도록, 빛은 500 lx 이상 되어야 한다. 배양 기간은 10~20일이 걸린다 (사진 Ⅳ-16).

Ⅳ-16. 현미를 이용한 종균 배양

3. 동충하초의 자실체 형성

(1) 실내에서 자실체 형성

자연 상태에서 채취한 동충하초로부터 분리한 균주를 이용하여 실험실 내에서 자실체를 형성하기 위한 일련의 실험을 실시하여 성공하였다. 사용된 균주로는 큰번데기동충하초 6종 (사진 Ⅳ-17~22), 고치큰번데기동충하초 2종 (사진 Ⅳ-23, 24), 작은번데기동충하초 2종 (사진 Ⅳ-25, 26), 토와유충동충하초 3종 (사진 Ⅳ-27~29), 풍뎅이동충하초 1종 (사진 Ⅳ-30), 붉은자루동충하초 1종 (사진 Ⅳ-31), 벌동충하초 1종 (사진 Ⅳ-32), 눈꽃동충하초 2종 (사진 Ⅳ-33, 34) 등 18종이다.

이들 중 번데기동충하초($C.\ militaris$)는 주로 나비목 곤충의 번데기를 기주로 하여 다발로 자실체를 형성하는 버섯이다. 이 동충하초의 자실체 형성은 감자 한천 배지에 일반 누에 번데기를 넣어 만든 배지에 이들 균을 접종하면 약 50일 배양으로 성숙한 동충하초를 얻을 수 있다.

(2) 현미를 이용한 동충하초 인공 생산

현미를 이용하여 동충하초를 인공적으로 형성시키고자 할 때에는 현미 종균을 이용할 수도 있으나 유리병에 증식된 액체 종균을 이용하는 것이 바람직하다. 번데기동충하초의 인공 배양에 사용되는 배지는 곡물 배지와 액체 배지가 있는데, 곡물 배지가 자실체 형성에 적합하다. 곡물 배지는 주로 현미를 사용하며, 질소원과 비타민원으로 번데기 가루와 효모 추출물을 넣어 주는 것이 좋다. 배지의 양은 현미 80g에 누에번데기의 조각 5g을 800mL 플라스틱 통에 넣어 준다. 배지와 수분의 비율은 약 1 : 1.5 정도를 넣고 고압 살균을 한 후 접종한다.

이 때 접종원으로는 균사의 조각보다 액체 종균 접종원을 사용하는 것이 균사의 활착이 빠르다. 접종된 병은 24℃ 전후로 온도를 일정하게 유지시키고 형광등을 켜서 광을 유지시킬 수 있는 배양실에서 하면 된다. 균사의 활착이 시작되어 배지 표면을 가득 메우기까지는 약 1주일이 걸린다. 처음에 옅은 베이지색을 띠던 균사의 표면은 차츰 색깔이 진해지면서 짙은 오렌지색을 띠게 된다. 이 때는 배양실 온도를 20℃로 유지하여 주면 배지 표면에 자라는 균사는 솜털 모양의 상태로 변하며, 15~18일이 지나면 번데기의 표면에 짙은 주황색을 띠는 돌기 모양의 균사 덩어리가 형성되기 시작하는데, 이것은 자좌의 원기가 형성되기 시작한 것이다. 형성된 원기가 생장하여 자낭각을 생산하기까지는 30~40일이 소요되며, 자낭각이 성숙하여 외형상 완전한 형태의 자실체를 형성하기까지는 50~60일이 소요된다. 배양 용기 내에서 곤봉형의 자실체를 총생으로 형성하는 것은 자연생 동충하초나 인공적으로 배양한 동충하초이다. 그렇지만 자연 상태에서 형성된 자실체는 반 매생형의 자낭각을 형성하는 반면 인공 배양한 것은 나생형의 자낭각을 형성하는 것이 특징이다 (사진 Ⅳ-35~38).

동충하초균의 자실체 형성 적온은 20℃ 전후로 밝혀졌는데, 21℃ 이상의 온도에서는 자실체의 형성보다는 균사의 영양 생장이 오히려 활발하여 자실체의 생육을 저해하는 것으로 드러났다.

누에 번데기 외에 쌀을 이용하여도 동충하초균의 자실체를 형성하게 할 수 있다. 그러나 쌀만을 이용하는 것보다는 역시 누에 번데기를 함께 첨가하면 더 좋은 자실체를 얻을 수 있다. 쌀을 이용한 배지는 쌀과 쌀 사이에 틈(공극)이 생겨서 균사가 쉽게 자랄 수 있고, 배지 내 수분을 일정 기간 동안 안정적으로 유지해 주어 균사의 생장에 도움을 준다. 한국 동충하초 은행에서는 인공 자실체 형성 실험 균주로 큰번데기동충하초, 고치큰번데기동충하초, 작은번데기동충하초, 토와유충동충하초, 풍뎅이동충하초, 붉은자루동충하초, 눈꽃동충하초, 벌동충하초 등을 사용하였다. 이들 모두는 자실체를 형성하였는데, 그 중 풍뎅이동충하초는 누에 번데기뿐만 아니라 여러 종류의 배지에서도 왕성한 자실체 형성을 보여 주었다 (사진 Ⅳ-39). 그러나 붉은자루동충하초는 붉은색의 가느다란 자실체를 다수 형성하였으나, 자낭각을 형성하지 않는 불완전한 형태의 자실체를 형성하였다. 이로써 실험실 내에서 플라스크를 이용해 자실체를 형성시키는 데 성공했지만, 이것을 대량으로 형성시켜 산업적으로 이용할 수는 없을까 하는 생각에서 다음과 같은 실험을 해 보았다.

즉, 지름이 10cm, 25cm 되는 플라스틱 통과 한 변이 25cm 되는 사각

균상을 준비하여 쌀과 번데기를 넣고 살균한 다음 번데기동충하초를 접종했더니 60일 후에 자실체가 대량으로 형성되었음을 확인할 수 있었고 (사진 Ⅳ-40), 인공적으로 형성된 자좌의 머리에서 자낭각이 형성되고, 자낭각에서 많은 수의 포자가 뛰쳐 나오는 것이 현미경하에서 관찰되었다 (사진 Ⅳ-41). 동충하초 자실체를 현미와 번데기를 이용하여 대량 생산이 가능하며 (사진 Ⅳ-42~46, 49), 앞으로 용도에 따라 산업적으로 이용할 수 있다.

(3) 누에를 이용한 동충하초 인공 생산

누에에서 동충하초 버섯을 인공적으로 생산하려고 할 때에는 액체 종균을 사용하는 것보다는 현미 종균을 이용하는 것이 좋다. 살균용 비닐봉지 안에 대량 배양된 하얀 색의 동충하초균을 이용하는데, 포자 증식을 위하여 2~3일간 살균된 종이 위에 펴 놓으면 포자를 대량 생산하게 된다. 이 대량 생산된 현미를 살균수에 넣고 흔들면 포자가 살균수로 떨어지게 된다. 이때 알코올로 세척한 분무기에 포자가 든 물을 넣고 누에에 뿌려 접종하거나 현미 자체를 믹서로 갈아서 누에에 접종할 수도 있다. 이렇게 접종된 균사나 포자가 누에에 접촉하면 포자가 발아하여 누에에 침입한다. 침입된 균사는 충체 속의 영양을 이용하여 대량으로 번식하여 충체 전체로 뻗어 나가 그 속에서 성장하면서 누에 안에 균사의 조직인 내생 균핵을 형성하게 된다. 누에의 모든 시기에 접종하면 동충하초균의 빈도에 따라 일찍 죽는 누에도 있지만 죽지 않는 누에도 있다.

애벌레 때에 죽은 누에는 동충하초균이 누에 안에 내생 균핵이 차 있기는 하지만 자실체를 형성시킬 만한 영양분이 없으므로 동충하초가 형성되지 않는다. 그러므로 동충하초를 형성시키려면 5령 잠에서 깨어난 직후 누에의 표피층이 딱딱하게 되지 않고 연약하며 뽕을 먹지 않아 누에의 면역력이 약해진 시기에 접종하면 된다. 누에에 접착한 균을 활성시키는 기간은 동충하초균이 발아하여 누에에 침입하고 감염시킬 수 있는 확률을 높일 수 있는 주요한 기간으로 생각된다. 온도를 24±2℃로, 습도는 80~90%를 유지한 상태에서 동충하초균이 먹이를 주지 않은 누에의 표피층을 통하여 침입할 수 있는 시간은 대략 24시간이다. 침입한 균사는 누에 안에 있는 물질을 영양으로 하여 내생 균핵을 만든 다음 밖으로 자실체인 동충하초를 형성하게 된다.

 좋은 동충하초를 형성시키기 위해서는 누에 속에 침입한 동충하초균이 누에 안에서 자랄 수 있는 환경을 만들어 주어야 한다. 그렇지 않으면 고치를 틀지 못하거나 고치를 튼 후에도 용화가 되지 못하고 누에 상태로 죽거나 또는 세균병에 감염될 수도 있다. 그러므로 먹이, 온도, 습도, 환기 등을 고려하여 정상적인 누에 사육에 노력하여 누에의 생육에 신경을 써 주어야 한다. 또, 누에는 사육할 때 모두 같은 날에 고치를 트는 것이 아니기 때문에 고치가 된 5일 후 고치를 잘라 세균에 오염된 것을 제외하고 모든 번데기는 모아서 자실체 형성을 유도해야 한다.

 특히 자실체 형성은 습도를 유지하는 것이 중요한데, 20±2℃의 온도를 유지해 주고 습도는 80~90%의 배양 조건에서 번데기를 놓아 자실체 형성을 유도하면 기간은 약 30일 정도 소요된다. 눈꽃동충하초는 자실체가 잘 형성되므로 접종만 잘 되면 쉽게 많은 동충하초를 얻을 수 있다(사진 Ⅳ-47~48).

〈자연산 동충하초〉 〈인공 자실체〉

Ⅳ-17. 큰번데기동충하초.

Ⅳ-18. 큰번데기동충하초

 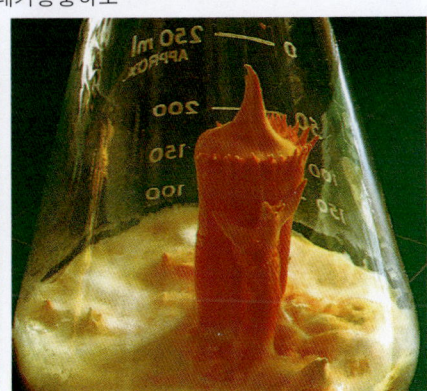

Ⅳ-19. 큰번데기동충하초

〈자연산 동충하초〉　　　　　　〈인공 자실체〉

Ⅳ-20. 큰번데기동충하초

Ⅳ-21. 큰번데기동충하초

Ⅳ-22. 큰번데기동충하초

〈자연산 동충하초〉　　　　　〈인공 자실체〉

Ⅳ-23. 고치큰번데기동충하초

Ⅳ-24. 고치큰번데기동충하초

Ⅳ-25. 작은번데기동충하초

〈자연산 동충하초〉   〈인공 자실체〉

Ⅳ-26. 작은번데기동충하초

Ⅳ-27. 토와유충동충하초

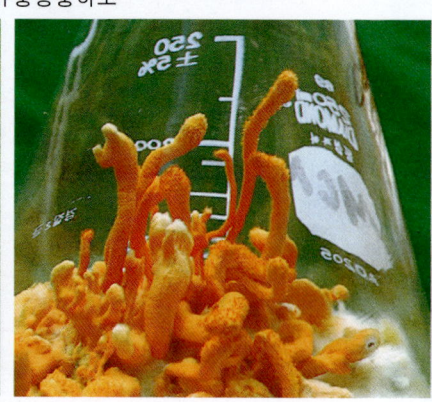

Ⅳ-28. 토와유충동충하초

〈자연산 동충하초〉　　　　　　　〈인공 자실체〉

Ⅳ-29. 토와유충동충하초

 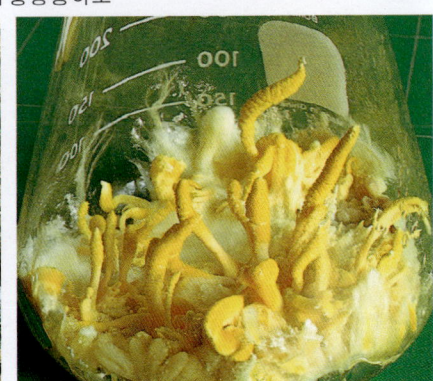

Ⅳ-30. 풍뎅이동충하초

 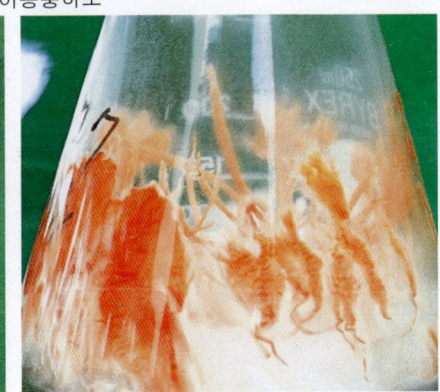

Ⅳ-31. 붉은자루동충하초

〈자연산 동충하초〉 〈인공 자실체〉

Ⅳ-32. 벌동충하초

Ⅳ-33. 눈꽃동충하초

Ⅳ-34. 눈꽃동충하초

〈자연산 동충하초〉 〈인공 자실체〉

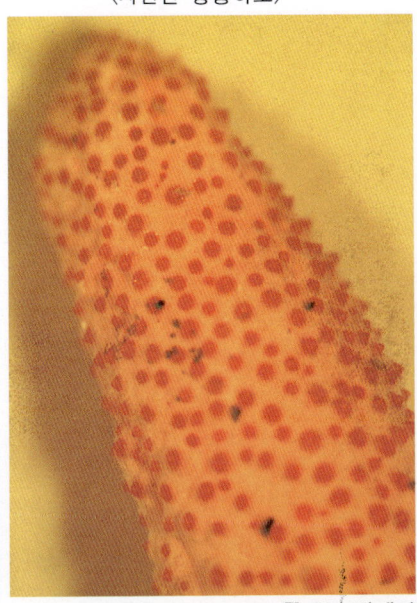 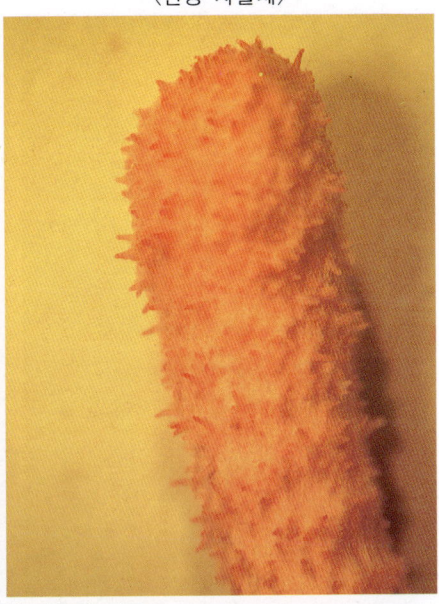

Ⅳ-35. 번데기동충하초의 머리

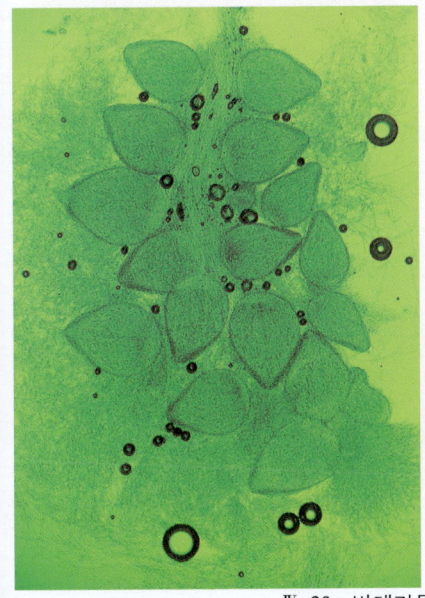 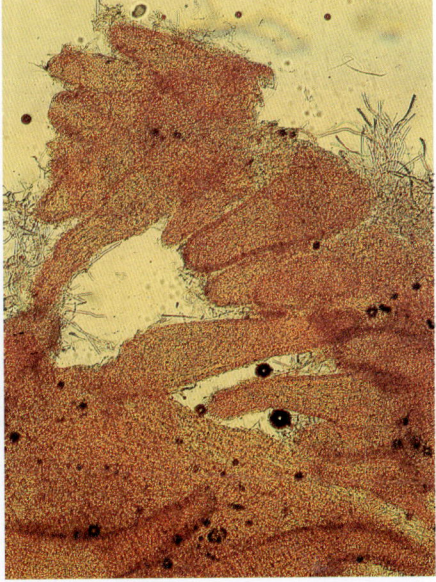

Ⅳ-36. 번데기동충하초의 자낭각

〈자연산 동충하초〉　　　　　　〈인공 자실체〉

 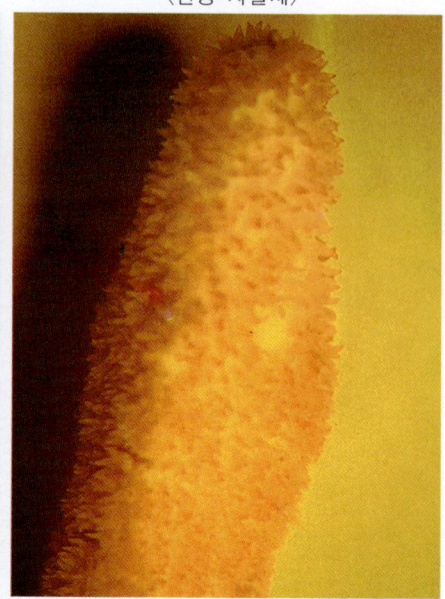

Ⅳ-37. 풍뎅이동충하초의 머리

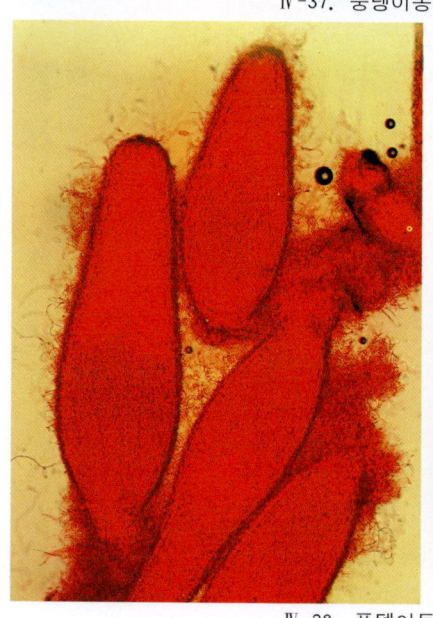 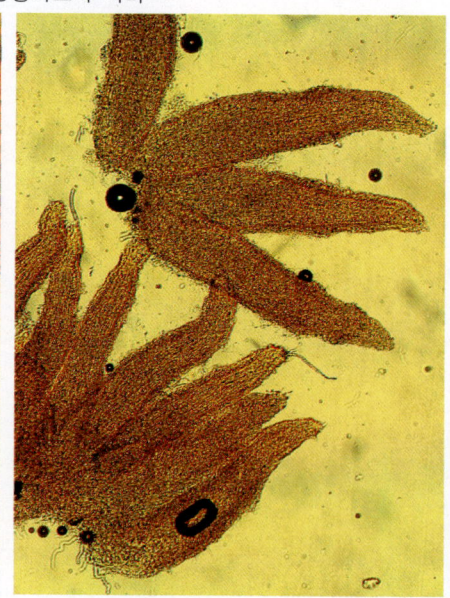

Ⅳ-38. 풍뎅이동충하초의 자낭각

Ⅳ-39. 플라스틱통에 형성된 번데기동충하초의 인공 자실체

Ⅳ-40. 원형 균상에 형성된 번데기동충하초의 인공 자실체

Ⅳ-41. 인공 자실체 자낭각에서 분출하는 자낭포자들

Ⅳ-42. 4각 균상에 형성된 인공 자실체

Ⅳ-43. 풍뎅이동충하초

Ⅳ-44. 번데기동충하초

Ⅳ-45. 눈꽃동충하초 1

Ⅳ-46. 눈꽃동충하초 2

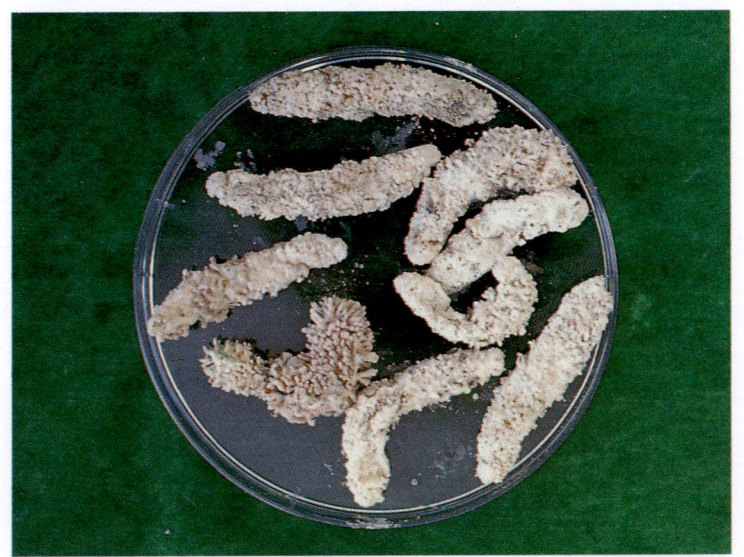

Ⅳ-47. 누에 유충에 생긴 눈꽃동충하초

Ⅳ-48. 번데기에 생긴 눈꽃동충하초

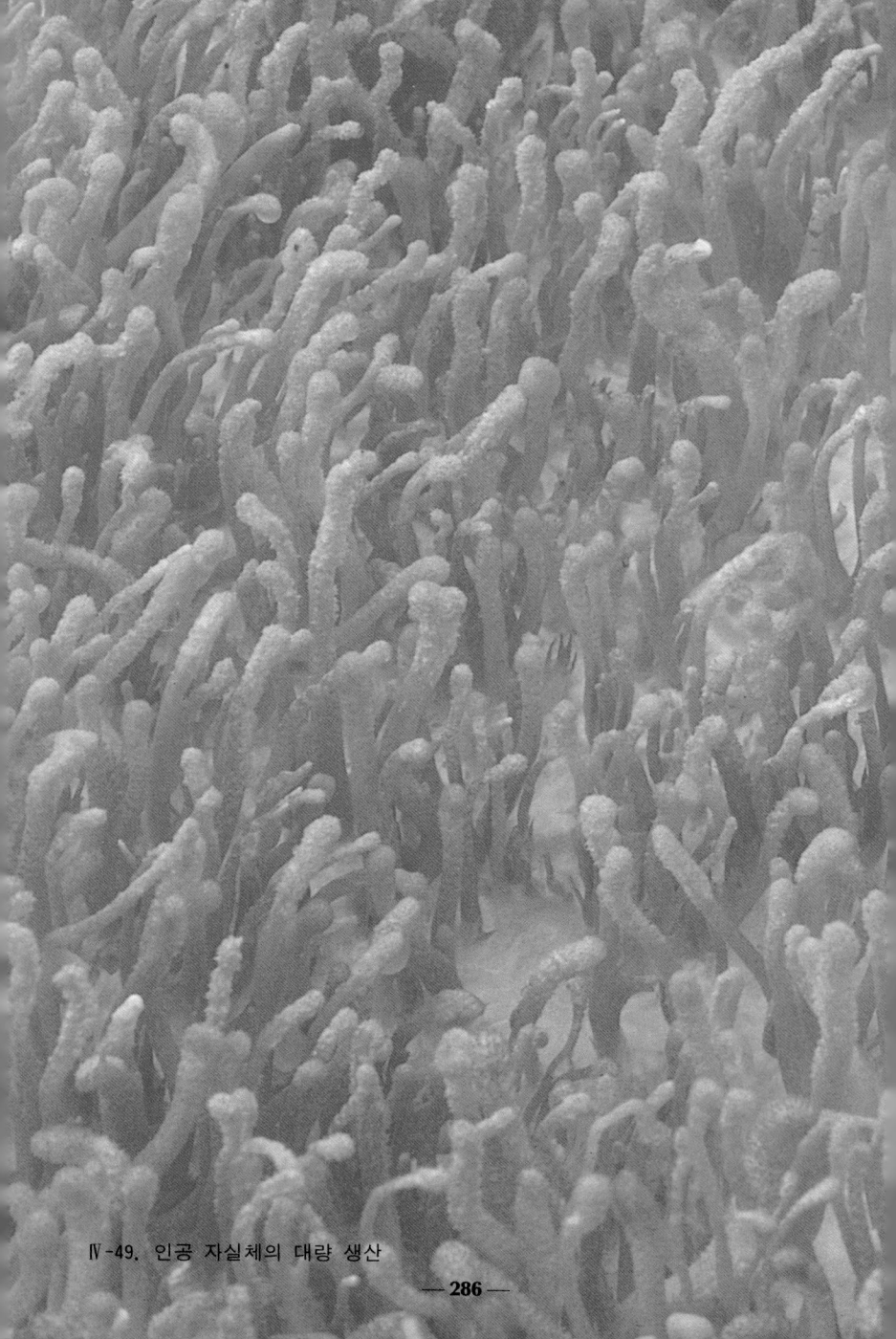

Ⅳ-49. 인공 자실체의 대량 생산

V. 동충하초의 이용

1. 약용 동충하초

한방에서 약용으로 이용되어 온 대표적인 동충하초는 박쥐나방의 유충을 기주로 하여 형성된 동충하초(*Cordyceps sinensis*)이다. 이것은 해발 3000~6000m의 고원 지대에서 서식하는 까다로운 생육 환경 조건 때문에, 절대수가 한정되어 있는 매우 귀한 약재이다. 그러므로 예로부터 중국에서는 이 박쥐나방동충하초를 불로장생(不老長生)의 비약(祕藥)으로 사용하여 왔다. 동충하초의 약효에 관한 최초의 기록은, 중국 청나라의 「본초종신(本草從新)」에 처음 실렸고, 결핵, 황달 등 주로 신장과 폐기능 장애의 치료에 사용된 기록이 있으며, 근래의 임상 실험에서 항암 효과가 있는 것으로 밝혀진 바도 있다. 중국에서 약용으로 사용되고 있는 동충하초의 종류는 다음과 같다.

(1) **동충하초**(*Cordyceps sinensis* (Berk.) Sacc.) →p.129
- **형태**-박쥐나방의 유충을 기주로 한다. 대개는 기주의 머리 부분에서 1개의 곤봉형 자좌를 형성하나, 드물게는 2~3개를 형성하는 것도 있다. 길이는 4~11cm이고, 기부의 두께는 0.15~0.4cm로, 자실체의 상단부로 갈수록 차츰 가늘어진다.
- **약효**-고대 중국 의학서의 기록에 보면, "자실체의 미감(味感)은 달고 온화하여 신장의 기능을 돕고 폐를 강화하며, 출혈을 조절해 주는 기능을 하고, 담·가래를 삭이며, 계속되는 기침을 멎게 하고, 횡경막에 유발되는 병을 치료한다."고 되어 있다. 중국에서는, 이 동충하초를 오리와 함께 끓여 탕으로 만든 요리가 노인이나 회복기 환자의 보양용으로 애용되고 있다. 이것은 인삼 50g을 복용한 것과 동일한 작용을 한다는 것이다. 「본초강목(本草綱目)」에도 "동충하초는 중국의 해발

3000~6000m의 고원 지대에서 나오는 일종의 식물이며, 상용하면 허약 체질을 튼튼하게 하고, 면역력을 높이는 분명한 효과가 있다."라고 기록하고 있다.

이 동충하초의 성분은 수분 10.84%, 지방 8.4%, 조단백 25.32%, 조섬유질 18.53%, 탄수화물 28.9%, 회분 4.1%이다. 그 밖에 7%의 코디세핀(cordycepin)을 함유하고 있는데, 이는 퀸산(quinic acid)의 이성체인 것으로 밝혀졌다. 자실체의 성분인 코디세핀은 기주 곤충에는 독소로 작용하며, 항세균, 항진균, 항바이러스 및 항암 작용을 하는 활성 물질로, 현대 중국 의학에서는 노환에서 오는 만성 기침, 천식을 치료하며, 신체의 정력 증강과 조절제로서 이용하고 있다.

(2) 큰번데기동충하초(*Cordyceps militaris* (L. ex Fr.) Link.) →p.62
• 형태-땅 속에 있는 죽은 나비목의 큰번데기에서 발견되며, 여러 개의 자좌를 형성한다. 곤봉형의 자좌는 17~28mm이고, 진한 주황색을 띠는 머리와 그것을 받쳐 주는 17mm×8mm인 자루로 구성되며, 경계가 명확하다. 반이 돌출한 자낭각은 달걀 모양이고, 조밀하게 분포하며, 그 크기는 490~550μm×280~350μm이다. 자낭은 400~420μm×3~4μm이고, 일렬로 배열되었으며, 실 모양의 자낭포자들이 존재한다. 자낭포자는 투명하고 명확한 격막으로 분리된 세포들로 이루어졌으며, 원형의 2차 포자로 발달하여 발아하기 시작한다. 불완전한 세대의 포자는 윤생곁가지포자균속(*Verticillium*)의 형태와 일치한다.
• 약효-액체 배양시 만니톨을 생산하며, 코디세핀[cordycepin(3'-deoxyadenosine)]을 생산한다.

(3) 균핵동충하초(*Cordyceps ophioglossoides* (Ehr.) Fr) →p.105
• 형태-까치박달 밑에 생긴 균핵에서 발견되며, 1개의 자좌를 형성한다. 기주인 균핵의 크기는 지름 11~14mm의 구형이다. 균핵에서 나온 자좌의 길이는 60~80mm이고, 주걱 모양의 머리는 갈색이며, 크기는 24mm×8mm이다. 묻힌형의 자낭각을 가졌으며, 크기는 600~700μm×200~320μm이다. 자낭은 400~450μm×7~10μm이고, 자낭 포자는

실 모양이며, 2차 포자로 분열한다.
• 약효 - 미감은 부드러운 편이나 다소 신맛이 느껴지며, 혈액 순환을 도와 준다.

(4) 매미다발동충하초(*Cordyceps soborifera* (Fill.) Ber. et Br.) →p.130
• 형태 - 땅 속에 있는 죽은 매미 유충에서 발견되며, 기주의 머리에서 1개 또는 2~3개의 자좌를 형성하며, 담황색을 띤 머리에는 묻힌형의 자낭각이 분포한다.
• 약효 - 매미의 허물과 유사한 기능을 하여 말라리아를 치료하며, 만성 경련, 어린이들의 가슴떨림 등을 치료하는 데 이용한다는 기록이 있다. 이 동충하초는 안구와 관련된 질병의 치료제, 해열, 해독제로 떨림을 진정시키고, 각막 혼탁이나 피부 종기를 치료하는 데 사용되어 왔다. 액체 배양 또는 발효 과정 중에 얻어진 균사체는 만니톨이나 그 밖의 물질들을 가지고 있다. 매미다발동충하초는 오랜 동안 귀중한 한방 약재로 이용되어 왔고, 동남 아시아에서는 상당한 시장을 확보하고 있다.

(5) 유충흙색다발동충하초(*Cordyceps martialis* Speg.) →p.58
땅 속에서 죽은 나비목 유충에서 발견되며, 배 마디에서 여러 개의 자좌를 형성한다. 크기 60mm×11mm의 자좌는 흙색이 도는 주황색을 띠며, 42mm×3mm인 머리와 18mm×3mm인 암흑색을 띤 자루로 이루어지지만, 그 경계가 명확하지 않다. 자낭각은 비스듬히 묻힌형으로 조밀하게 분포하고, 크기는 560~700μm×330~440μm이다. 자낭의 크기는 280~350μm×3~5μm이고, 실 모양의 자낭포자는 크기가 340μm×1μm이며, 측면을 따라 출아세포와 같은 형태로 발아한다.
• 약효 - 이 동충하초의 발효 산물은 약용으로 사용되는 만니톨을 함유하고 있다.

(6) 백강균(*Beauveria bassiana* (Bals.) Vuill.) →p.179
• 형태 - 하늘소 등 여러 종류의 곤충을 기주로 하고, 기주의 표면에 흰색의 분생포자를 형성한다. 분생포자는 균사에서 분생자경을 형성한 다

음, 그 위에 둥근 플라스크 모양의 작은 자루를 형성한다. 작은 자루에서 여러 개의 마디가 생기고, 그 마디의 끝부분에 각각 1개씩의 분생포자가 붙는데, 지그재그 모양으로 발달하는 것이 백강균의 특징이다. 거의 모든 곤충군의 전 생육 단계에 걸쳐 침입하며, 곤충의 몸은 흰색의 가루 같은 분생포자에 의하여 뒤덮인다.

• **약효**-이 균은 항진균 작용이 있는 항생제 오스포린[oosporin($C_{12}H_{10}O_8$)]을 생산한다. 유명한 중국 약재인 잠업용 누에에 기생하는 곰팡이균은 이 균에 의하여 감염된 것이다. 감염된 누에 유충은 67.44%의 단백질과 4.38%의 지방을 함유하고 있는데, 함유된 단백질은 부신피질의 기능을 촉진한다. 이 균은 예로부터 어린이들의 경련, 간질, 뇌졸중, 마비된 목의 치료에 이용되어 왔다. 또한, 담이나 가래를 삭이고, 파상풍, 두통, 후두염, 편도선염, 실성증, 피부 가려움증, 단독(丹毒)의 치료에 이용되기도 한다.

2. 동충하초의 효능

동충하초는 예로부터 중국에서는 불로장생의 비약으로 알려져 있다. 또, 특이한 형태 때문에 3000년에 한 번씩 꽃이 핀다는 우담화(優曇華)에 비교할 정도로 길조의 증표로서 귀중하게 여겨 왔다. 한방약으로서 기록된 것은 중국의 청나라로, 당시의 식물학책인 「본초종신(本草從新)」 속에 "동충하초는 폐를 보호하고, 신장을 튼튼하게 하며, 출혈을 멈추게 하고, 담을 삭이고, 기침을 멎게 하는데, 사천 가정부(四川嘉定府)에서 생산되는 것이 가장 좋다."는 내용이 기록되어 있다. 또, 유구한 전통을 자랑하는 중국의 한의학에서도, "동충하초는 벌레이면서 벌레가 아니고, 식물이면서 식물이 아닌 선약(仙藥)"이라 하였으니, 어딘가 불가사의한 힘을 가지고 있는 것이 틀림없다. 지금까지 알려진 동충하초의 약효를 적어 보면 다음과 같다.

(1) 불로장생과 영양 강장제
예로부터 중국에서는 동충하초는 불로장생의 비약으로 알려져 있다.

뿐만 아니라, 폐를 보호하고 신장을 튼튼하게 함으로써 영양 강장제로도 한 몫을 톡톡히 하고 있다. 일본의 경우, 1801년, 에도 시대(江戶時代)의 「본초서」에, 동충하초는 '약효가 뛰어나 폐병이나 늑막염의 특효약'이라고 기록되어 있고, 이미 판매까지 되기도 하였다.

(2) 면역 기능 증강

동충하초는 면역 기능을 가지고 있는데, 이 면역 기능이 없어지면 곧 바이러스나 세균의 공격을 받게 되어 모든 병에 노출되고 만다. 면역력의 차이에 따라, 같은 병원균에 감염되어도 어떤 사람은 그 병원균에 의해서 발병하고 어떤 사람은 발병하지 않는 경우가 있다. 현대의 페스트라 일컫는 '에이즈(AIDS)'는 다른 병과 달라서, 사람이 본디 가지고 있는 면역력을 파괴해 버리기 때문에 치명적이다. 에이즈가 진행되면 감기도 치명적인 병이 되고 마는 것이다.

동충하초는 이와 같이 중요한 면역력을 강화하는 작용이 있다. 특히, 동충하초에 함유되어 있는 '충초다당(蟲草多糖)'이 면역 기능을 높인다는 것이 실험과 연구에 의해서 입증되었다. 미국에서도 동충하초의 충초다당이 면역력 증강에 효과가 크다는 것에 주목하고, 에이즈 치료제로 유망시되어 연구 중이다. 동충하초는 흔히 천식에 좋다고 알려져 있지만, 이것도 면역력을 높이는 것과 깊은 관계가 있다.

일본에서도 "동충하초에는 아미노산 등의 물질, 충초산(蟲草酸), 충초다당(蟲草多糖, polysaccharide)이나 많은 유리 아미노산이 함유되어 있다."고 했다. 충초소, 충초산, 충초다당에는 각각 항균, 소염, 심장이나 뇌의 혈액 순환을 개조하는 만니톨, 항간염, 항유행성 감기와 다종의 바이러스에 대한 저항력 등의 효과가 있다는 것이 알려져 있다.

(3) 만병 통치약

동충하초에는 면역 기능을 강화하는 성질이 함유되어 있다. 이 면역 기능이 높아지면 당연히 저항력이 증가하여 어떤 병에도 잘 걸리지 않게 될 뿐만 아니라, 회복의 속도도 빨라진다. 자연적으로 동충하초는 체력을 증강시킴으로써 감기, 폐결핵, 만성 기침, 천식, 발작, 빈혈,

허약, 남성의 성적 기능 장애, 고혈압 등에 좋은 치료력을 나타내며, 피로 회복에도 탁월한 효과를 나타낸다.

그러므로 동충하초에서 추출한 영양액은 유기체의 면역 기능을 현저히 강화시키고, 체액 면역과 세포 면역에 대해서도 촉진 효과가 있으며, 종양과 바이러스 감염에 대한 유기체의 저항력을 높인다. 또, 심혈관 계통과 호흡기 계통 및 신장 기능에 대해서도 현저한 효과가 있으며, 표면 항원이 양성 반응을 일으키는 보균자에게도 뚜렷한 치료 효과가 있다.

동충하초 영양액은 완전한 자연 생물 제품으로, 어떠한 호르몬이나 방부제도 들어 있지 않으므로 중년층과 노년층의 보양에 가장 이상적인 영양 식품일 뿐만 아니라, 정신적 활동이나 육체적 노동을 하는 사람에게 피로를 빨리 회복시켜 주는 효능을 가진다. 중국의 정치 지도자 등 소평이 평상시에 즐기는 보양식으로도 유명하다.

(4) 자연 치유력

동충하초의 약효는 여러 가지가 있지만, 그 중에서도 호흡기 계통의 병에 효과가 뛰어나다. 호흡기 계통이 약하면 감기에 자주 걸리고, 조금만 뛰어도 헐떡거리며 숨이 차다. 이렇게 헐떡거리는 증세는 산소를 급히 체내에 흡수함으로써 잃어버린 에너지를 회복하려고 하는 현상인데, 운동이 심하거나 체력 소모가 많을수록 이 회복 작용도 강하게 요구되고 심해진다.

우리들은 원래 누구나가 다 자연 치유력을 가지고 있으며, 이 자연 치유력을 담당하는 것은 몸의 면역 담당 세포인 백혈구이다. 이 백혈구의 작용을 돕기 위해서는 더러워진 혈액을 깨끗이 해 둘 필요가 있다. 백혈구는 소위 체내의 청소부이기 때문에 쓸데없는 먼지가 잔뜩 있으면 충분한 작용을 할 수 없게 된다. 혈액을 정화하는 역할은 산소가 하게 되는데, 얼마나 깨끗한 산소가 체내에 들어와 있는가 하는 산소 공급 능력이 중요해진다. 자전거를 타거나 조금만 걸어도 곧 지쳐 버리는 사람이 있다. 그런 사람을 체력이 약하다고 하는데, 그 평가 기준은 산소를 전신에 공급할 수 있는 능력의 크기이다. 체력이 있는 사람은 이 능력이 크고, 그렇지 못한 사람은 곧 숨이 차서 헐떡거리게 된다. 요컨대, 산소 공급 능력의 차이이다.

한때 일본에서 크게 유행했던 에어로빅 '유산소 운동'은, 산소를 체내에 받아들이는 능력을 높여 생체 조직 구석구석까지 산소로 차게 하고, 혈액을 정화하여 노폐물을 체외로 내보내는 속도를 빠르게 해서 피로 회복을 빠르게 하고, 또 쉽게 피로해지지 않도록 하기 위한 것이었다. 산소의 소비량을 억제하여 체내에서 산소가 활약하는 자리를 넓히고, 또한 충초다당에 의해서 면역력도 높이는 동충하초는 오늘날에 가장 필요한 형태의 생약이다.

(5) 항암제

최근의 연구에 의하면, 동충하초에 83%의 대단히 높은 항암 성분이 있음이 발견되었다. 항암 효과를 나타내는 성분은 동충하초의 성장 도중에서 만들어진다고 한다. 이 성분은 전혀 부작용이 없고, 저항력을 증강시키며, 세균이나 바이러스 감염에 뛰어난 작용을 나타낸다. 그것은 암세포 자체의 억제와 번식 속도를 억제하는 효과를 의미하므로, 암 환자에게는 획기적인 사실로 받아들여질 것이다. 우리 나라는 아직 연구 단계에 있지만, 일본이나 중국에서는 이미 많은 효과를 입증하고 있다.

(6) 마약 중독 해독제

동충하초가 마약 중독 해독제로서 효과가 있다는 것이 최근 한 임상 실험에서 입증되었다. 최근에 와서 마약 중독 치료에 동충하초가 효과가 있다는 보고가 발표되자 곧바로 임상 실험에 들어간 스위스에서는, 마약 중증 중독자도 2주일 정도만 복용하면 마약의 심각한 부작용을 말끔히 씻어 줄 뿐만 아니라, 마약에 대한 유혹까지 떨쳐 버리게 함으로써 완전히 정상적인 사람으로 되돌려 줄 수 있다는 임상 실험 결과를 발표하였다. 이 실험 결과로 동충하초에 대한 연구의 전망을 한층 밝게 하고 있다.

(7) 마군단의 비밀

동충하초가 피로 회복 시간을 단축시켜 주는 효과가 있다는 것은 앞에서 이미 밝혔다. 그것이, 지난 1992년, 히로시마 올림픽 육상 종목에서 세계 기록을 경신한, 중국 육상 파워의 비밀이 되기도 했다.

중국 육상 선수 팀인 '마군단'은 동충하초를 병 치료가 아니고 근육 증강과 체력 회복을 위해서 이용하고 있었다. 원래, 장수나 영양 강장제로 귀하게 쓰이던 동충하초를 '마군단'은 전통적인 약효를 스포츠에 적절하게 이용하고 있었다. 그런 점으로 미루어, 체질이 허약한 사람에게 권하고 싶은 것이 '동충하초'이다. 천식에 잘 듣는 것처럼 호흡기 계통의 병에는 특히 효과가 있다. 허약 체질로 호흡기 계통이 약한 사람은 감기에도 잘 걸리게 된다. 기침을 하면 체력이 떨어지고, 체력이 떨어지면 다른 병에 걸리고 해서 악순환이 되는 경우가 적지 않다. 동충하초는 산소 소비량을 억제한다는 것이 과학적으로 확인된 바 있다. 산소 소비량을 억제한다는 것은, 요컨대 일정한 운동량을 소화시키는 데 적은 양의 산소로도 된다는 것이다. 운동 선수가 심한 운동을 하면 걷고 있을 때보다 많은 산소를 소비하게 된다. 예를 들어, 50m를 전력으로 달린 사람이 격하게 호흡을 하는 것을 볼 수 있다. 이것은 산소를 급히 체내에 흡수함으로써 잃어버린 에너지를 회복하려는 자연적인 작용이다. 1992년 당시, 중국의 육상 팀 코치를 맡았던 마준인이 한 인터뷰에서, 다음과 같은 충격적인 증언을 함으로써 마군단의 비밀이 세상에 알려졌다.

"당신들이 우리가 무엇을 마시고 있는가를 알고 싶다면 대답해 주겠다. 우리들은 완전한 동충하초로 만든 복용액을 마시고 있다."

이 때부터 동충하초가 신비의 약이라는 것이 전세계에 알려지게 되었던 것이다.

(8) 염증 억제제

동충하초는 염증을 억제하므로 특히 천식에 약효가 있다. 천식을 진정시키려면 염증 억제용 생약을 사용하는 것이 일반적인데, 이것은 체력을 극도로 소모시킨다. 열을 억제하면 체력이 소모되는 것이 일반적이지만, 동충하초는 이 두 가지를 효과적으로 극복하는 특징을 가지고 있다.

일본에서는, 동충하초술을 복용한 후 천식이 편해지는 것을 느껴 한 달 동안 장복하여 치유했다는 보고가 있고, 동충하초를 투여한 임상 경험에서 기본적인 작용에 대한 대략적인 이해를 터득했는데, 체력 증강, 병원균에 대한 면역력의 증강, 혈액 순환의 개선을 통한 염증 억제에 대단히 효과가 있다고 했다. 암 치료나 노화 방지에도 효과가 인정되었으며, 회춘의 작용도 있고, 그 밖에 간염, 유행성 이하선염(항아리 손님), 급성 림프절염(림프관에 있는 입상(粒狀)에 염증을 일으키는 병), 감기의 발열, 천식, 밤에 우는 것, 짜증, 유선염 등에도 효과가 있다고 했다.

3. 동충하초균을 이용한 해충 방제

금세기 초부터 엄청난 인구의 증가로 감당하기 어려웠던 식량 자원의 생산량을 늘리는 데 유기 합성 농약이 큰 공헌을 해 왔다. 그러나 유기 합성 농약의 과다한 사용의 폐해는, 널리 알려진 바와 같이 자연에서의 난분해성 성분의 잔류로 농산물과 지하수를 오염시켜 인간의 생존권을 위협하게 되었고, 생태계의 파괴 등 많은 문제점을 가져왔다. 그리하여 유기 합성 농약의 생산 및 사용에 대한 규제가 불가피하게 되었으며, 따라서 미생물 농약의 개발이 시급하게 되었다. 세계적으로 무공해 농약 중 가장 대표적인 것이 미생물 살충제이다. 미생물 살충제는 미생물을 직접 이용하거나 미생물을 포함한 제재를 이용하여 해충을 방제하는 것을 말한다.

1834년, 외국 학자에 의하여 곰팡이가 곤충에 병을 유발하는 것이 실험적으로 입증되었다. 그는 누에에 백강균을 인공적으로 감염시키는 데 성공하여 곰팡이에 의한 병의 발현을 입증하였다. 동충하초는 곤충 병원균으로서는 가장 큰 단일 그룹으로서, 현재 약 800여 종이 알려지고 있다. 그러나 한국에서는 동충하초균이 단지 몇 종만 알려졌을 뿐이다. 균과 곤충의 상호 관계는 상당히 다양하다. 대개의 곤충들은 특정 조건하에서 특정 종류의 균의 침입을 받는다. 병원성을 가진 균은 열대, 아열대, 온대 지방은 물론, 심지어 사막 지대에서도 땅에 사는 곤충과 물에 사는 곤충에 감염된 예들이 보고되고 있다.

이와 같이 곰팡이가 곤충의 병을 유발하는 사실이 알려지자, 곰팡이 균을 이용하여 농업 해충을 방제할 수는 없을까 하는 의문이 제기되었고, 현재까지도 이것이 동충하초균을 연구하는 주요한 동기가 되고 있다. 생물적 방제재로서 곰팡이를 이용한 그들은, 밀풍뎅이(*Anisoplia austriaca*)와 사탕무바구미(*Cleonus punctiventris*)를 방제하기 위하여 불완전 균류인 녹강균(*Metarhizium anisopliae*)을 이용하였다.

미국에서는 1890년경, 또다른 흔한 불완전 균류인 백강균을 이용하여 밀의 해충인 긴노린재(*Blissue leucopterus*)를 방제하기 위한 프로그램이 시작되었다. 그러나 병원성 곰팡이균을 이용한 해충의 방제는, 초기 다른 시도들과 마찬가지로 대부분이 실패였다. 그 주요한 원인은, 균의 생태와 같이 기초가 되는 지식의 이해가 부족했기 때문이다. 곤충 병원성 균에 의한 곤충의 감염을 억제하는 환경적 요인에 대해서는 단지 일반적인 이해가 전부였고, 결과적으로 균은 해충을 방제하는 데 적합하지 않은 것으로 인식되었다.

그러나 지난 20여 년 동안, 화학 농약에 의존한 방제법이 자연 생태계의 균형을 깨며, 남아 있는 농약의 독성 및 인축 피해 등의 문제점이 나타나면서, 해충의 종합적 관리와 관련한 일반적인 운동의 일환으로서 해충의 방제재로서 곤충 병원성 균의 이용에 관한 관심이 다시 커지게 되었다.

방제재로서 가능성을 가진 균이나, 누에나 꿀벌 등 상업 곤충과 관련한 병원균 등이 관심의 대상이 되었고, 연구의 대상 지역은 열대림과 같은 삼림 지역보다는 온대 경작지였다. 단작을 하는 영농 방법은 심각한 해충 문제를 유발했는데, 관련 병원균은 해충에 상당한 전염병을 유발할 수 있었다. 생물적 방제의 가능성에 관한 관심에도 불구하고, 세부적으로 연구된 곤충 병원성 균과 곤충의 상호 관계에 관한 보고는 극소수였다.

그러나 아직 성공은 하지 못했으나, 곤충에 병을 유발하는 동충하초균이 가지는 장점은 다음 여섯 가지로 요약할 수 있다. 첫째는, 화학 농약과 비교하여 안전하고, 둘째는 생태계에 주는 영향이 적어 생태계의 균형을 깨뜨리지 않으며, 셋째로는 화학 농약이 속효성을 가지고 잔효 기간이 당해에 그치는 것에 반하여, 상당 기간 동안 대상 해충에 방제 효과를 가진다는 점이다. 넷째는, 다른 방제 수단과 병용이 가능하다는 점으로, 해충의 종합 관리 계획에 쉽게 적용할 수 있다는 점이며, 다섯째는 화학 농약과 비교하여 대상 해충이 저항성을 가질 가능성이 적으며, 마지막으로 유전적 조작이 용이하다는 점이다.

균을 이용한 해충의 성공적인 방제는 생물적 요인과 비생물적 요인들이 효과적으로 작용할 때 가능하다. 주요한 요인들로는 병을 유발할 수 있는 감염원의 양, 기주가 되는 개체군의 밀도, 2차적 요인이 될 수 있는 환경 변이 등이 있다. 효과적인 균의 해충 감염과 관련한 환경 요인들로는 온도, 습도, 광량이고, 땅에 사는 곤충에는 풍량, 물에 사는 곤충에는 온도, 염도, 유속 등이 작용한다. 이러한 요인들은 실제로 복합적으로 작용하므로, 균의 기주 곤충 개체군 내에서 발생과 관련한 복합적인 요인들을 측정하기란 쉽지 않다. 대개의 연구자들은 습도나 온도 등 비교적 수치화하기 쉬운 요인들을 측정한다.

현재, 일부 선진국에서는 미생물 살충제로 만든 균을 농약으로 판매하고 있으나, 많은 연구자들은 동충하초균을 이용한 방제만이 해충의 방제를 위한 대안이 아님을 지적하고 있다. 근본적으로 균을 이용한 방제법도 해충의 종합적인 관리 계획의 하나로 적용되는 것이 바람직하다는 의견이 주류를 이루고 있다. 예를 들어, 화학적 살충제는 기후가 건조하거나 습도가 상대적으로 낮은 시기에 이용하고, 습도가 충분한 기간은 미생물 살충제를 이용하는 것이다. 불완전 균류와 같이 무성생식 기관으로서 다수의 분생포자를 형성하는 균류는 여러 종류의 곤충에 병원성을 나타내며, 여러 환경 조건하에서 발견되는데, 실제로 자연 생태계 내에서의 이들의 조절 작용은 자연적인 곤충 개체군의 밀도를 조절하는 데 주요한 역할을 한다고 말할 수 있다.

열대 우림 지역이나 온대 지방에서 발견되는 특징적인 자실체를 형성하는 맥각균목의 코디셉스속균(*Cordyceps*)과 같은 경우는 생태적으로 환경의 교란이 적은 일차 생태계에서 발견되는데, 특히 번데기동충하초의 경우는 코디세핀(cordycepin)이라고 하는 항생 물질(곤충에 있어서는 독성을 나타내는 물질)을 생산한다. 이것은 분자 생물학 쪽에서 곤충의 RNA의 합성을 막는 데 이용되고 있다. 이러한 자좌 형성 동충하초균이 교란이 적은 생태계에서 발견되는 것은, 이들이 사는 지역의 파괴가 곧 생태계의 자연적 조절 능력을 잃어버리게 하고, 유용한 유전 자원을 고갈시키는 것을 의미한다고 말할 수 있을 것이다.

현재 우리 인류가 당면한 과제는 자연 생태계의 인위적인 조작보다는 자연 그대로의 보존이며, 생물적 방제 수단의 개발 측면에서는 기주 곤충과 곤충 병원성 균의 상호 관계에 관한 생태의 좀더 깊은 이해로, 보다 유용한 생물적 방제 계획과 전략들을 발전시키는 것이 필요하다.

실제로, 한국에서 동충하초균을 이용한 살충제 개발을 위한 연구로, 백강균을 이용하여 배추흰나비 등 여러 종류의 곤충을 가지고 실험한 결과, 배추흰나비와 산림 해충의 유충에서 효과가 있었다. 백강균을 접종하면 이들 유충이 바로 죽든지, 혹은 살아도 비정상적인 성충이 되어 생활사를 연속시킬 수 없었다(사진 V-1~4).

지금, 대학과 연구소를 중심으로 동충하초를 이용한 살충제 개발에 주력하고 있으므로, 머지않아 이 동충하초를 이용한 해충 방제가 이루어지리라고 생각된다.

Ⅴ-1. 배추흰나비 유충에 백강균 접종

Ⅴ-2. 백강균에 의해 죽은 배추흰나비 유충

Ⅴ-3. 산림에 피해를 주는 유충에 백강균 접종

Ⅴ-4. 죽은 해충에 형성된 백강균

맺음말

　1985년 7월, 동충하초와의 첫 만남은 한 마디로 마음 설렘이었다. 동충하초는 글자 그대로 겨울에는 곤충이고 여름에는 풀처럼 돋아나는 신비로운 버섯이다. 동충하초균에 의하여 감염된 곤충은 죽을 수밖에 없지만, 이듬해 여름 몸 밖으로 아름다운 버섯을 내보냄으로써 또다른 삶을 얻는다. 동충하초의 모습은 소위 불가(佛家)에서 말하는 윤회를 생각하게 한다.
　의욕만을 앞세워 동충하초를 무작정 채집하러 나섰던 초기에는 아무런 소득 없이 빈손으로 돌아오는 경우가 허다하였다. 그럴 때마다 '이러한 장소에는 동충하초가 채집되지 않는구나'라며 감사할 수 있는 마음의 여유를 가지려고 노력하였다. 어느덧 경험이 축적되고, 이제는 동행하는 학생들도 잘 찾아 내는 것을 보며 흐뭇함을 느끼곤 한다.
　동충하초를 찾아 여러 학생들과 더불어 참으로 많은 산을 헤매며 글로는 다할 수 없는 어려움을 겪기도 하였다. 동충하초를 채집하는 동안 많은 일들이 있었지만, 그 중에서도 잊을 수 없는 몇몇 장면을 되새겨 보기로 한다.
　1991년, 3박 4일의 일정으로 설악산과 오대산으로 동충하초의 채집을 나섰는데, 출발할 때부터 줄기차게 내리던 비는 우리 일행이 설악산에 도착할 때까지 계속되었다. 신흥사에서 일박을 하기로 하고 여장을 푼 우리는 비를 맞으며 곧바로 동충하초 채집에 나섰다. 외설악 가는 길을 택하여 작은 대나무 숲을 헤치며 헤맸지만 비에 옷만 흠뻑 젖었을 뿐 찾고 있는 동충하초는 하나도 발견할 수 없었다. 서운한 마음에 잠시 앉아서 혼자만의 명상에 잠겼다가 눈을 뜨고 자리를 옮기려는 순간, 깜짝 놀랄 만한 광경을 목격했다. 내 주위에서 커다란 번데기동충하초를, 조금 과장하여 발자국을 뗄 때마다 하나씩 발견할 수가 있었다. 무슨 조화로 이렇게 많은 동충하초가 나올 수 있었을까? 채집에 열중하고 있을 때 비구니 스님 세 분이 많은 신도들과 함께 옆을 지나다가 신기하다는 듯, "무엇이 그리 중요한 것이 있기에 비를 맞으면서 찾고 계십니까?"하고 말을 걸어 왔다. 지금까지 다른 사람들이 나의 일에 관심을 보이지 않아 내심 섭섭하기도 했는데 관심을 보이는 분이 있어, 고마운 마음이 앞서 채집한 동충하초를 보여 주면서 자세히 설명해 주었다. 신기하다는 듯이 듣고 있던 스님들은 훌륭한 일을 하신다면서 삼배를 하는 것이었다. 어리둥절한 신도들 역시 무엇을 하는 사람인지도 모르면서 스님과 같이 절을 하는 진풍경이 벌어진 일도 있었다. 그 날은 그렇게 찾기 어려웠던 번데기동충하초만도 50여 개를 찾을 수 있었으니, 그 날의 감격은 잊을 수 없는 기억이 되고 있다.

설악산을 출발하여 갈천을 거쳐 오대산 월정사에 도착하여 억수같이 쏟아지는 빗속에서 다시 나무 덩굴 속을 헤매기 시작하였다. 한 시간쯤 흘렀을까, 빨간색의 노린재동충하초가 발견된 것이다. 한 장소에서 이렇게 많은 같은 종류의 동충하초가 발견되는 것은, 곤충이 군집을 이루고 살다가 동시에 동충하초균에 의해 감염된 것이 틀림없었다.

한 달 후 다시 월정사를 찾았을 때는, 우리 나라에서는 처음으로 거품벌레를 기주로 하는 거품벌레동충하초를 발견하고 다수 채집하게 되었으니, 참으로 큰 성과가 아닐 수 없었다.

우리들의 또 다른 채집 지역은 치악산과 강원대 연습림이었는데, 이곳은 다양한 종류의 동충하초가 발견되는 지역으로, 매년 국내 신종을 발견하기도 한, 잊을 수 없는 곳이다.

동충하초의 채집을 위하여 많은 산을 헤매고 다닌 지 어언 10년, 동충하초가 잠재적으로 중요한 유전 자원이 될 수 있으리라는 확신이 나름대로 있었기에, 몇 년 전 채집한 동충하초를 사진으로 만들어 채집 및 연구 비용을 마련해 보겠다는 생각으로 관련 기업체를 찾은 적이 있었지만 큰 반응이 없었다. 그러나 혼자의 힘으로라도 힘 닿는 데까지 채집하고 균주를 수집하기로 다짐하면서 채집 작업을 계속하였다. 그러던 중 한국과학재단으로부터 채집에 필요한 연구비를 받을 수 있었다. 그래서 이를 토대로 많은 동충하초 균주의 채집과 실험을 수행할 수 있었으며, 프랑스, 미국, 캐나다, 중국 등지의 방문 연구로 세계적인 학자들과 이야기를 나눌 수 있는 기회를 가지게 되었고, 국내에서도 여러 사람들이 이 분야에 많은 관심을 가지게 되는 고무적인 성과를 거두게 되었다.

1994년에는 서울 MBC 방송에서 제작하는 자연 다큐멘터리 '한국의 버섯'의 동충하초에 대한 자문위원이 되었다. 아직 널리 알려지지 않은 이 작은 동충하초를 보다 잘 소개하고 싶었던 욕심 때문에 얼마나 마음 졸였는지 모른다.

그 더운 여름을 동충하초 채집에 온 힘을 기울인 결과 송충이동충하초, 벌동충하초, 매미동충하초, 잠자리동충하초 등 여러 종류의 동충하초를 찾을 수 있었고, 이것이 TV를 통하여 방영되자 그 다음 날부터 많은 사람들로부터 전화 받기에 바빠졌다. 참으로 안타까웠던 것은, 동충하초나 일부 버섯의 복용이 바로 병의 치유를 의미하는 것으로 오인하고 있는 사람들이 많다는 것이다.

또, 잊을 수 없었던 것은 시청자들로부터의 전화인데, 내용인즉, '인삼 하면 한국'을 말할 수 있듯이, '동충하초 하면 한국'이라는 새로운 말이 나올 수 있도록 노력해 달라는 것이었다. 그 동안 많은 나라들을 방문하여 본 결과 우리 나라가 충분히 그렇게 될 가능성이 있다는 생각이 들었다(다른 나라에서는 우리 나라만큼 그렇게 풍부하게 동충하초가 발견되지 않기 때문에).

요즈음 '세계화'라는 말을 많이 쓴다. 진정한 세계화란 가장 한국적인 것을 발전시키는 것이라고 생각한다. 동충하초의 연구도 우리 자연에서 찾아 내고 분리하여, 유전 자원을 수집하고 보존하면서 이를 이용하여 우리의 것을 만드는 작업이 시급하다. 최근에 와서 여러 연구소와 기업들이 동충하초에 관해 관심을 가지고 있으므로, 가까운 장래에 동충하초 하면 한국을 떠올릴 수 있으리라 본다.

그러나 동충하초의 연구를 위해서는 기본이 되는 동충하초 도감을 만드는 것이 급선무라는 생각에서, 별로 많지 않은 표본과 짧은 지식으로, 그러나 모든 정성을 기울여 도감을 만들게 되었다. 이 도감의 출판을 계기로 더욱 분발, 정진할 것이며, 동충하초를 연구하려는 이들에게 작은 도움이 되었으면 하는 것이 필자의 바람이다. 잘못된 부분은 계속

해서 수정하려고 한다. 끝으로, 동충하초에 관심이 있으신 분들의 많은 채찍을 부탁드리고 싶다.

 이 동충하초 도감이 나오기까지는 너무나 많은 분들의 도움과 격려가 힘이 되었으며, 이 도감 제작에 참여한 모든 분들에게 깊은 감사를 드리며, 마지막으로 수를 헤아릴 수 없는 곤충 중에서 동충하초균에 감염된 곤충은 죽은 다음 아름다운 동충하초 버섯으로 변하는데, 필자는 죽어서 무엇으로 변할 수 있을까 하는 여운을 남기면서 맺음말을 대신하려고 한다.

■부록

동충하초 용어 해설

가근(假根, rhizoid) : 특정 조류(藻類) 등에서 엽상체(葉狀體)의 한 부분을 이루는 단세포 또는 다세포성 뿌리를 닮은 구조. 가근은 기질에 부착, 또는 물질의 흡수 기관으로서의 역할을 한다.

감자 한천 배지(potato dextrose agar) : 감자 200g을 물 1L에 넣어 끓인 물에 설탕 18g과 한천 18g을 첨가하여 만든 균의 증식 배양용 배지

격막(隔膜, septum) : 균류에서 균사의 내부에 있는 가로막으로, 고등 균류의 특징이기도 하다.

곤충 기생균(昆蟲寄生菌, entomopathogenic fungi) : 곤충에 병원성을 가지는 균으로, 대개의 경우 기주를 치사에 이르게 한다.

공생 관계(共生關係, symbiotic relationship) : 두 개의 서로 다른 유기체가 밀접한 물리적 연관성을 가지며 함께 살아가는 것으로, 대개의 경우 공생하는 것이 서로에게 이익이 된다.

균사(菌絲, hypha) : 균류의 영양 생장 기관으로, 가늘고 긴 실 모양의 기관

균핵(菌核, sclerotium) : 균사 상호간에 엉키고 밀착되어 있는 균사 조직으로, 불리한 환경에서도 저항성을 가지는 일종의 휴면 기관

기주 특이성(寄主特異性, host specificity) : 주어진 기생균이 제한된 기주에만 전염성 또는 병원성을 가지는 것

난균강(卵菌綱, oomycetes) : 균류의 한 분류군으로서, 편모가 있어 운동성을 가지는 유주자를 생산하는 것이 특징임.

난포자(卵胞子, oospore) : 난균강의 균류에서 장난기와 장정기 두 배우자의 접합에 의하여 형성된 유성포자로, 두꺼운 벽을 가지고 있다.

다핵 균사(多核菌絲, coenocytic hypha) : 균사에 격막이 없어 다수의 핵들이 세포질 속에 그대로 존재하는 균사

담자균강(擔子菌綱, basidiomycetes) : 고등 균류 중 완전 세대를 거친 담자포자를 담자기에 형성하는 균의 총칭

머리(fertile part) : 동충하초의 자실체 중 자낭각이 분포하는 상단 부분

면역 글로불린(immunoglobulin) : 면역 작용에 관계하는 단백질

무성생식(無性生殖, asexual reproduction) : 핵융합과 감수 분열이 관련되

지 않은 생식
물 한천 배지(water agar) : 물 1L에 한천 18g을 넣어 만든 균 분리용 배지
발아관(發芽管, germ tube) : 짧은 균사와 같은 구조로 많은 종류의 포자가 발아시 형성됨.
배우자(配偶子, gamete) : 단상(haploid)의 생식세포로, 유성생식 때 융합되어 수정이 일어난다.
병자각(柄子殼, pycnidium) : 보통 구형이거나 플라스크 모양으로 속이 비어 있는 구조를 하고 있으며, 비어 있는 내부에서 분생포자를 생산한다.
부속사(附屬絲, appendage) : 동충하초의 자실체 중 자낭각이 분포하는 부위가 중앙에 존재할 때, 그 위의 불임성 정단부를 일컬음.
부착세포(附着細胞, appressorium) : 평평한 균사 조직으로, 작은 감염 기관이 기주의 표피세포 위에서 자라, 이를 뚫고 들어가는 기관
분생자병속(分生子柄束, synnema) : 분생자 자루가 다발로 뭉쳐져 신장된 포자 형성 구조를 만든 것
분생자 자루(分生子梗 또는 分生子柄, conidiophore) : 체세포 균사로부터 자라 분지한 균사로, 그 위에 또는 측면으로 분생포자 형성 세포를 생산한다.
분생포자(分生胞子, conidium) : 운동성이 없는 무성생식 포자로, 보통 분생자 자루 위에 형성된다.
분생포자 형성 세포(分生胞子形成細胞, conidiogenous cell) : 분생자 자루 위에서 발달하여 분생포자를 형성하는 세포
불완전균(不完全菌, imperfect fungi) : 생식 수단으로서 분생포자와 같은 무성생식만을 하는 균류
섬유질(纖維質, fibrous) : 자실체를 형성하는 가늘고 긴 실 모양의 조직
소병포자(phialoconidia) : 작은 자루로부터 형성된 포자
연골질(軟骨質, cartilaginous) : 대의 조직이 단단하여 부러질 때 딱 소리가 나는 조직
엽상체(葉狀體, thallus) : 식물에서는 줄기, 뿌리, 잎의 구분이 없는, 비교적 간단한 식물체를 일컫는데, 균류에서의 엽상체는 영양 기간 동안의 형태를 나타낸다.
위유조직(僞柔組織, pseudoparenchyma) : 균사 조직의 일종으로, 구성 균사들이 그들의 개별성을 잃어버린 조직
유구(有口, ostiole) : 자낭과에서 목과 같은 구조로, 말단부에는 구멍이 있

다.

유성생식(有性生殖, sexual reproduction) : 배우자 간의 접합에 의하여 생식을 하는 것으로, 핵융합과 감수 분열이 일어난다.

2차 기생(二次寄生, second parasitism) : 성숙한 자실체 위에 다른 균이 침입하여 기생하는 것

2차 포자(二次胞子, second spore) : 자낭포자의 격막 부분이 분열하여 각각이 개별적인 포자의 역할을 하는 것

인 비트로(in vitro) : 실내 실험

자낭(子囊, ascus) : 자낭균류의 특징으로, 보통 핵융합과 감수 분열을 거쳐 형성되는 일정한 숫자의 자낭포자(보통 8개)를 포함하는 주머니 모양의 세포

자낭각(子囊殼, perithecium) : 정단부에 유구를 가지고 있으며, 자체의 벽을 가지고 있는 자낭과

자낭균강(子囊菌綱, ascomycetes) : 유성생식 포자로서, 일정한 숫자의 자낭포자를 자낭 내에 형성하는 균류

자낭포자(子囊胞子, ascospore) : 감수 분열에 의하여 자낭 내에 형성되는 자낭균류의 유성생식 포자

자루(柄, stipe) : 자실체의 줄기에 해당되는 부위로, 머리를 받쳐 지탱해 주는 부분

자실체(子實體, fruiting body) : 버섯을 일컫는 말로, 포자를 포함하고 있거나 포자를 생산하는 복합적인 균의 구조물

자실층사(子實層絲, trama) : 버섯의 자실층 내부 균사층

자웅이주(雌雄異株, heterothallic) : 유성생식을 위해서는 서로 다른 엽상체 위에 존재하는 화합성이 있는 배우자가 필요한 것

자좌(子座, stroma) : 자낭각이 배열된 곤봉 모양, 또는 반구형의 머리와 이를 지탱하는 자루[柄]를 일컬음.

작은 자루(小柄, phialide) : 분생포자 형성 세포의 한 형태로, 출아성 분생포자를 생산한다.

접합균강(接合菌綱, zygomycetes) : 다핵균사를 가지고 있으며, 세포벽은 키틴 성분을 함유하고 있고, 무성생식은 포자낭 또는 분생포자를 형성하며, 유성생식은 유사한 형태의 배우자 간 접합에 의하여 접합포자를 생산하는 균류

접합포자(接合胞子, zygospore) : 접합균강에서 2개의 배우자 간 융합에 의

하여 형성된 휴면포자
정단 고리(頂端―, apical ring) : 자낭의 정단부에 존재하는 작은 점
출아세포(出芽細胞, blast cell) : 무성생식 세포의 일종으로 효모류에서 발견되는데, 출아법에 의하여 세포가 증식되는 것
포자(胞子, spore) : 균류에서 종자의 역할을 하는 작은 번식 단위
포자낭(胞子囊, sporangium) : 주머니와 같은 구조로, 내부 원형질 성분 전부가 다수의 포자로 전환된다.
후막포자(厚膜胞子, chlamydospore) : 휴면포자로서의 기능을 하는, 두꺼운 벽을 가진 포자
휴면포자(休眠胞子, resting spore) : 장기간의 휴면 기간을 거쳐 발아하는, 두꺼운 벽을 가진 포자

한국명 찾아보기

개미긴자루동충하초 · 92
개미콩나물동충하초 · 33, 238
거미동충하초 · 17, 176
거미밤꽃균 · 184
거품벌레동충하초 · 16, 157
고치큰번데기동충하초 · 73, 258
균생긴목구형동충하초 · 42
균생동충하초 · 47
균핵동충하초 · 19, 105, 238, 273
나방눈꽃동충하초 · 218
나방동충하초 · 17, 45
나방흰가시동충하초 · 16, 17, 178
노린재동충하초 · 15, 16, 96
노린재동충하초덧붙이 · 193, 243
노린재부리동충하초 · 112, 243
녹강균 · 199, 281
눈꽃동충하초 · 16, 17, 204, 258
동충하초 · 12, 15, 18, 129, 272
둥근번데기동충하초 · 89
딱정벌레동충하초 · 223
매미눈꽃동충하초 · 210
매미다발동충하초 · 19, 130, 274
바늘다발동충하초 · 16, 186, 243
백강균 · 19, 179, 243, 274, 280
번데기가지점박이동충하초 · 31
번데기검은털박이동충하초 · 213
번데기곤봉형녹색동충하초 · 166
번데기곤봉형동충하초 · 165
번데기노랑다발동충하초 · 28

번데기노랑방망이동충하초 · 35
번데기바늘동충하초 · 196
번데기곤봉형눈꽃동충하초 · 202
번데기봉형동충하초 · 219
번데기붉은곤봉형동충하초 · 26
번데기주걱눈꽃동충하초 · 212
번데기짧은다발동충하초 · 156
번데기흰고무동충하초 · 162
벌가시동충하초 · 108
벌긴곤봉형동충하초 · 144
벌 동 충 하 초 · 15, 16, 18, 131, 238, 243, 258
벌면봉형동충하초 · 149
부푼머리굽은균 · 230
붉은자루동충하초 · 16, 114, 243, 258
송충이국수다발동충하초 · 189
송충이동충하초 · 82
송충이잔가지동충하초 · 188
유충가는점박이동충하초 · 110
유충가시동충하초 · 102
유충검은동충하초 · 94
유충검은동충하초덧붙이 · 192
유충검은점박이동충하초 · 16, 17, 22
유충긴목구형동충하초 · 37
유충긴부리동충하초 · 118
유충노랑곰보동충하초 · 153
유충노랑동충하초 · 167
유충노랑점박이동충하초 · 122

— 310 —

유충봉오리동충하초 · 16, 220
유충주걱동충하초 · 104
유충직립동충하초 · 120, 238
유충회색곰보동충하초 · 91
유충회색눈꽃동충하초 · 216
유충흙색다발동충하초 · 17, 19, 58, 274
윤생곁가지포자균 · 226, 243
잎벌레주홍자루동충하초 · 214
작은번데기동충하초 · 77, 258
잠자리동충하초 · 17, 197, 243

청가시열매동충하초 · 168
큰매미동충하초 · 40, 238
큰번데기동충하초 · 16, 17, 62, 238, 243, 258, 273
큰유충방망이동충하초 · 15, 16, 53, 243
토와유충동충하초 · 85, 258
투명부후균 · 228
파리주발동충하초 · 32
풍뎅이동충하초 · 15, 16, 123, 243, 258

학명 찾아보기

Beauveria bassiana ⋯19,179,243,274, 280
Conidiobolus thromboides ⋯230
Cordyceps agriota ⋯16,22,241
Cordyceps ampullacea ⋯26,240
Cordyceps bifusispora ⋯28,241
Cordyceps cochlidicola ⋯31,241
Cordyceps discoideocapitata ⋯32,242
Cordyceps formicarum ⋯33,238
Cordyceps geniculata ⋯35,241
Cordyceps gracilis ⋯37,242
Cordyceps heteropoda ⋯40,238
Cordyceps intermedia ⋯42,242
Cordyceps isarioides ⋯45,241
Cordyceps jezoensis ⋯47,242
Cordyceps konnoana ⋯51
Cordyceps kyushuensis ⋯15,53,241,244
Cordyceps martialis ⋯19,58,242,274
Cordyceps militaris ⋯15,62,73,77, 82,85,89,238,241,243,244,273
Cordyceps myrmecophila ⋯92,242
Cordyceps nigrella ⋯94,242
Cordyceps nutans ⋯15,16,96,242
Cordyceps ochraceostromata ⋯102,242
Cordyceps ootakiensis ⋯104,242
Cordyceps ophioglossoides 105,238,273
Cordyceps oxycephala ⋯108,243
Cordyceps paludosa ⋯110,240
Cordyceps pentatomi ⋯112,240,243,244
Cordyceps pruinosa 16,114,241,243,244
Cordyceps purpureostromata ⋯118,240
Cordyceps rosea ⋯120,238,240
Cordyceps ryogamiensis ⋯122,241
Cordyceps scarabaeicola ⋯123,241, 243,244
Cordyceps sinensis ⋯12,15,17,129, 241,272
Cordyceps soborifera ⋯15,19,130,242
Cordyceps sp ⋯91,144,149,162,165, 166,167
Cordyceps sphecocephala ⋯15,16, 18,131,238,243,244
Cordyceps staphylinidaecola ⋯153,243
Cordyceps takaomontana ⋯156,241
Cordyceps tricentri ⋯157,243
Erynia sp. ⋯228
Gibellula sp. ⋯184
Hirsutella citriformis ⋯188
Hirsutella clavispora ⋯189
Hirsutella entomophila ⋯190
Hirsutella nigrella ⋯192
Hirsutella nutans ⋯193,243
Hirsutella sp. ⋯16,186,243,244
Hymenostilbe odonatae ⋯197,243
Metarhizium anisopliae ⋯199,280
Paecilomyces farinosa ⋯202
Paecilomyces japonicus ⋯204
Paecilomyces sinclairii ⋯210
Paecilomyces sp. ⋯212,213,214,216, 218,219
Polyphalomyces ramosus ⋯220
Polyphalomyces sp. ⋯16
Shimizuomyces paradoxa ⋯167
Tilachlidiopsis nigra ⋯223
Torrubiella sp. ⋯176
Verticillium lecanii ⋯226,243,244

참 고 문 헌

1. Balazy, S. and Bujakiewicz, A. *A new entomogenous species of Cordyceps: Cordyceps ithacensis* sp. nov. Mycotaxon 25(1): 11-14, 1986.
2. Breitenbach, J. and Kranzlin, F. *Fungi of Switzerland*. vol. 1. Ascomycetes, 1984.
3. Candoussau, F. *Un Cordyceps nouveau des pyrenees Francaise: Cordyceps rouxii* sp. nov. Mycotaxon 4(2): 540-544, 1976.
4. Candoussau, F. *Recolte de Cordyceps intermedia Dans les pyrenees atlantiques, espece nouvelle pour l'europe*. Mycotaxon 8(2): 459-462, 1979.
5. Charles, V. K. *A fungus on lace bug*. Mycologia, vol. 29:216-221, 1980.
6. Clements, F. E. *The genera of fungi*. Hafner Publishing Company, Inc. pp. 81-82, 1931.
7. Cunningham, G. H. *A singular Cordyceps from Stephen Island, New Zealand*. Tran. Br. Mycol. Soc. 53:72-75.
8. Dennis, R.W.G. *British Ascomycetes*. J. Crammer. pp. 253-258, 1981.
9. Eriksson, O. *Cordyceps bifusispora* spec. nov. Mycotaxon 15:185-188, 1982.
10. Evans, H. C. *Entomogenous fungi in tropical forest ecosystem : an appraisal*. Ecological Entomology 7 : 47-60, 1982.
11. Evans, H. C. and Samson, R. A. *Cordyceps species and their anamorphs pathogenic on ants (Formicidae) in tropical forest ecosystems 1. The cephalotes (Myrmicinae) complex*. Trans. Br. Mycol. Soc. 79(3) : 431-453, 1982.
12. Evans, H. C. and Samson, R. A. *Cordyceps species and their anamorphs pathogenic on ants(Formicidae) in tropical forest ecosystems 2. The camponotus (Formicinae) complex*. Trans. Br. Mycol. Soc. 82(1) : 127-150, 1984.
13. Ginns, J. *Typication of Cordyceps canadensis and C. capitata, and a new species, C. longisegmentis*. Mycologia 80(2) : 217-222, 1988.

14. Glare, T. R. *Hirsutella stylophora Mains, a pathogen of Costelytra zealandica (Coleoptera: Scarabaeidae) in New Zealand.* New Zealand Entomologist 15 : 29-32, 1992.
15. Jenkins, W. A. *The development of Cordyceps agariciformia.* Mycologia 26: 220-244.
16. Kobayasi, Y. *Keys to the taxa of the genera Cordyceps and Torrubiella.* Trans. Mycol. Soc. Japan 23 : 329-364, 1982.
17. Kobayasi, Y. and Shimizu, D. *Iconography of vegetable wasps and plant worms.* Hoikusha Publishing Company, Ltd. Osaka, 280pp,. 1983.
18. Mains, E. B. *A new species of Cordyceps with notes concerning other species.* Mycologia 29 : 674-677, 1937.
19. Mains, E. B. *Cordyceps species from British Honduras.* Mycologia 32: 16-21, 1940.
20. Mains, E. B. *Information concerning species of Cordyceps and Ophionectria in the Lloyd Herbarium.* Lloydia 20(4) : 210-227, 1957.
21. Mass Geesteranus, R. A. *On 'Cordyceps capitata.'* Persoonia 2(4) : 477-482, 1963.
22. Minter, D. W. and Brady, B. L. *Mononematous species of Hirsutella.* Trans. Br. Mycol. Soc. 74(2) : 271-282, 1980.
23. Pacioni, G. and Frizzi, G. *Paecilomyces farinosus, the conidial state of Cordyceps memorabilis.* Can. J. Bot. 56: 391-394, 1977.
24. Papierok, B. *Les champignons se developpant en cote-d'ivoire sur la fourmi Paltothyreus tarsatus F. Relation entre l'hyphomycete Tilachlidiopsis catenulata sp. nov. et l'ascomycete Cordyceps myrmecophila Cesati 1846.* Mycotaxon 14(1) : 351-368, 1982.
25. Petch, T. *Notes on entomogenous fungi.* Trans. Br. Mycol. Soc. 16: 55-75, 1931a.
26. Petch, T. *Notes on entomogenous fungi.* Trans. Br. Mycol. Soc. 16: 209-245, 1931b.
27. Petch, T. *Notes on entomogenous fungi.* Trans. Br. Mycol. Soc. 23: 127-148, 1939.
28. Petch, T. *Notes on entomogenous fungi.* Trans. Br. Mycol. Soc. 25 : 250-265, 1941.

29. Rogers, P. D. *The genus Cordyceps and Fries's observations*. Mycologia vol. 46: 248-253, 1954.
30. Rossman, A. Y. *Podonectria, a genus in the pleosporales on scale insects*. Mycotaxon 7(1): 163-182, 1978.
31. Samson, R. A. and Brady, B. L. *Paraisaria, a new genus for Isaria dubia, the anamorph of Cordyceps gracilis*. Trans. Br. Mycol. Soc. 81(2): 285-290, 1983.
32. Samson, R. A., Von Reenen-Hoekstra, E. S. and Evans, H. C. *New species of Torrubiella (Ascomycotina: Clavicipitales) on insects from Ghana*. Studies in Mycology 30: 123-132, 1989.
33. Seaver, F. J. *The Hypocreales of North America IV*. Mycologia 3: 207-230, 1911.
34. Shimizu, M., Mitsuhashi, W. and Hashimoto, H. *Cordyceps brongniartii sp. nov., the telemorph of Beauveria brongniartii*. Trans. Mycol. Soc. Japan 29: 323-330, 1988.
35. Shimizu, D. *Color iconography of vegetable wasps and plant worms*. Seibundo Shinkosha, Japan. 381pp, 1994.
36. 清水大典. 冬虫夏草. 図書印刷株式会社. 1-97, 1979.
37. Speare, A. T. *On certain entomogenous fungi*. Mycologia 12: 62-76.
38. Su, C. H. and Wang, H. H. *Phytocordyceps, a new genus of the clavicipitaceae*. Mycotaxon 26: 337-344, 1986.
39. Uecker, F. A., Ayers, W. A. and Adams, P. B. *A new Hyphomycete on sclerotia of Sclerotinia sclerotiorum*. Mycotaxon 7(2): 275-282, 1978.
40. Von Arx, J. A. *Tolypocladium, a synonym of Beauveria*. Mycotaxon 25(1): 153-158, 1986.
41. Wright, P.J. *Cordyceps oncoperae sp. nov.(Ascomycota) Infecting Oncopera spp. (Lepidoptera: Hepialidae)*. Journal of Invertebrate Pathology. 61: 211-213, 1993.
42. Zang, Mu., Yang, D. R. and Li, C. D. *A new taxon in the genus Cordyceps from China*. Mycotaxon 37: 57-62, 1990.
43. Zhang, K., Wang, C. and Yan, M. *A new species of Cordyceps from Gansu, China*. Trans. Mycol. Soc. Japan 30: 295-299, 1989.
44. 川村清一. 原色日本菌類図鑑. 風間書房. 821-845.

원색 도감 · 한국의 자연 시리즈 6

한국의 동충하초

성재모(成載模)

· 1944년 충남 부여 출생
· 1970년 고려대학교 농과대학 농학과 학사
· 1979년 미국 워싱턴 주립대학교 식물병리학과 석사
· 1985년 충남대학교 농과대학 농학과 박사
· 1970 - 1984년 농촌진흥청 농업기술연구소 병리과
· 현재 강원대학교 농업생명과학대학 교수
  한국과학재단 특성화 장려 사업 동충하초 은행
  연구 책임자
  강원대학교 동충하초연구소 소장
· 저서 「버섯학」, 「강원의 버섯」

초판 발행 / 1996. 6. 25
4판 발행 / 2007. 2. 10

지은이 / 성재모
펴낸이 / 양철우
펴낸곳 / ㈜교학사

기획 / 유흥희
편집 · 교정 / 차진승 · 이은영 · 강옥자
장정 / 송병석
제작 / 서후식
원색 분해 · 인쇄 / 본사 공무부

등록 / 1962. 6. 26. (18-7)
주소 / 서울 마포구 공덕동 105-67
전화 / 편집부 · 312-6685, 영업부 · 7075-155~6
팩스 / 편집부 · 365-1310, 영업부 · 7075-160
대체 / 012245-31-0501320
홈페이지 / http://www.kyohak.co.kr

값 35,000 원

* 이 책에 실린 도판, 사진, 내용의 복사, 전재를 금함.

The Insects-Born Fungus of Korea
by Sung, Jae Mo
Published by Kyo-Hak Publishing Co., Ltd. 1996
105-67, Gongdeok-dong, Mapo-gu, Seoul, Korea
Printed in Korea

ISBN 89-09-02723-1 96480